Konstantinopel
Nikomedia
Thessalonike
Proconnesus
Melitene
THESSALIEN
KAPPADOKIEN
Docimium
Ephesus
Euphrat
Milet
ISAURIEN
Antiochia
Iasus
LYKIEN
Alahan
Sparta
Alacahisar
Damaskus
Jerusalem
Alexandria
Memphis
Katharinenkloster

Ein Tempel für Byzanz

Martin Harrison

Ein Tempel für Byzanz

Die Entdeckung und Ausgrabung
von Anicia Julianas Palastkirche in Istanbul

Geleitwort von Sir Steven Runciman

Belser Verlag
STUTTGART
ZÜRICH

Titel der Originalausgabe:
A Temple for Byzantium

Aus dem Englischen von Brigitte Weitbrecht

CIP-Titelaufnahme der Deutschen Bibliothek

Harrison, Martin:
Ein Tempel für Byzanz : die Entdeckung und Ausgrabung von Anicia Julianas Palastkirche in Istanbul / Martin Harrison. Geleitw. von Sir Steven Runciman. [Aus d. Engl. von Brigitte Weitbrecht]. – Zürich ; Stuttgart : Belser, 1990
Einheitssacht.: A temple for Byzantium <dt.>
ISBN 3-7630-1248-6

Printed in Great Britain

ISBN 3-7630-1248-6

Inhalt

εἰς ναὸν τοῦ ἀρχ[illegible] / βο[illegible]:—

※ καὶ τόδε σῶν καμάτων· παναοίδιμον ἔργον ἐτύχθη
τερράδε. [illegible]. οὐ γὰρ περικαλλέα νηόν.
ἀγγελικὴ στρατιή· ὁ δὲ μάρτυρος αὐτὸς ἔδειξας:—

εἰς ναὸν τοῦ ἁγίου μάρτυρος Πολυεύκτου:—

※ Εὐδοκίη μὲν ἄνασσα· θεὸν σπεύδουσα γεραίρειν·
πρώτη νηὸν ἔδειμε θεηφράδεος· Πολυεύκτου·
ἀλλ' οὐ τοῖον ἔτευξε· καὶ οὐ τόσον· οὔ τινι φειδοῖ·
οὐ κτεάνων χατέουσα· τίνος βασίλεια χατίζει·
ἀλλ' ὡς θυμὸν ἔχουσα· θεοπρόπον· ὅττι γενέθλην
καγγέτης. δεδαυῖαν· ἀμείνονα κόσμον ὀπάζειν·
εἰσέτι Ἰουλιανή· ζαθέων ἀμάρυγμα τοκήων.
τέτρατον ἐκ κείνων· βασιληίδος αἷμα λαχοῦσα
ἐλπίδας οὐκ ἔψευσεν· ἀριστώδινος ἀνάσσης·
ἀλλά μιν. ἐκ μαιοῖο μέγαν καὶ τοῖον ἔγειρε·
κῦδος ἀεξήσασα· πολυσκήπτρων γενετήρων·
πάντα γὰρ ὅσσα τέλεσσεν· ὑπέρτερα τεῦξε τοκήων·
ὀρθὴν πίστιν ἔχουσα· φιλοχρίστοιο μενοινῆς·
τίς γὰρ Ἰουλιανὴν οὐκ ἔκλυεν· ὅττι καὶ αὐτοὺς
εὐκαμάτοις ἔργοισιν ἑοὺς φαίδρυνε τοκῆας·
εὐσεβίης [illegible]. μούνη δ' ἱδρῶτι δικαίῳ·
ἄξιον οἶκον ἔτευξεν· ἀειζώῳ Πολυεύκτῳ·
καὶ γὰρ ἀεὶ δεδάηκεν· ἀμετρέα δῶρα κομίζειν·
πᾶσιν ἀεθλητῆρσιν ἐπουρανίου βασιλῆος·
πᾶσα χθὼν. βοάᾳ. πᾶσα πόλις. ὅττι τοκῆας·
φαιδροτέρους ποίησεν· ἀρειοτέροισιν ἐν ἔργοις·
ποῦ γὰρ Ἰουλιανὴν. οὐκ ἔστιν ἁγίοισι ἰδέσθαι·
νηὸν ἀναστήσασαν· ἀγάλματα· ποῦ σέο μούνης
εὐσεβέων οὐκ ἔστιν ἰδεῖν σημήια χειρῶν·
ποῖος δ' ἔπλεο χῶρος· ὃς οὐ μάθε σεῖο μενοινὴν·
εὐσεβίης πλήθουσαν· [illegible]
σοῖο καμάτοισι [illegible]·
ἔργα γὰρ εὐσεβίης· οὐ κρύπτεται· οὐ γὰρ ἀέθλοιο·
λήθη ἀποσβέννυσιν· ἀριστοπόνων ἀρετάων·
ὅσσα δὲ σὴ παλάμη θεοπρεπέα δώματα τεύχει

⁝

ἐν τοῖς οὐκ ἔστιν

[illegible]

Geleitwort

Zum Entzücken romantisch veranlagter Historiker brachte das Byzantinische Reich im Lauf seiner langen Geschichte eine Reihe bedeutender Frauengestalten hervor, deren Wirken sein Schicksal beeinflußte: Kaiserinnen wie Theodora, Justinians Gemahlin, oder ihre Namensschwester, die Gattin des Theophilus, die Athenerin Irene und die Spartanerin Theophano, gelehrte Prinzessinnen wie Anna Comnena oder die weniger bedeutende Dichterin Casia, deren feministische Keckheit sie die Krone kostete, und die Kaiserin Euphrosyne, unerreichte Meisterin der Korruption. Doch keine war mehr gefürchtet als Anicia Juliana, die von 462 bis etwa 528 lebte. Sie war die reichste Erbin ihrer Zeit. Die Familie ihres Vaters hatte sich seit den Tagen der Römischen Republik ausgezeichnet. Ihre Mutter, Enkelin von Theodosius II., war väterlicherseits die Urenkelin von Theodosius I. d. Gr. Ihr Vater Olybrius war kurze Zeit Kaiser des Westreichs. Ihrem Mann, einem berühmten General germanischer Herkunft, wurde der oströmische Thron angeboten, als es den Anschein hatte, daß Kaiser Anastasius durch einen Aufstand abgesetzt würde. Er lehnte jedoch ab, und sie hoffte, ihr Sohn, der jüngere Olybrius, werde auf Anastasius folgen, in dessen Familie er eingeheiratet hatte. Statt dessen kam ein von ungebildeten Bauern abstammender Kriegsmann auf den Thron: Justin I. Gegen ihn und seinen Neffen und Erben, Justinian I., hegte sie tiefe Verachtung, aus der sie kein Hehl machte. Sie war zu mächtig, als daß die Kaiser sie hätten in ihre Gewalt bekommen können, und es ist anzunehmen, daß Justinian erleichtert aufatmete, als sie 528 in den Mittsechzigern starb.

Die Zeiten, in denen sie lebte, sind für den Kunsthistoriker äußerst aufschlußreich, denn in ihnen vollzog sich erstmals die Synthese der Elemente, aus denen sich die byzantinische Kunst herausbildete: der römische Sinn für solide Pracht und fachmännische Handwerkskunst, das griechische Gefühl für Ausgewogenheit und Proportion und die ebenfalls griechische Freude am mathematischen Experiment, die orientalische Liebe zu reichem, ja phantastischem Schmuck und das Bestreben, den angemessenen Rahmen für die Riten des christlichen Reiches und der christlichen Kirche zu schaffen. In

Gedicht über die Polyeuktoskirche in der *Anthologia Palatina*, einer Handschrift des 10. Jahrhunderts in Konstantinopel (?). Universitätsbibliothek Heidelberg, Cod. Pal. Gr. Heid. 23, S. 50.

der Baukunst zeitigte die neue Synthese ihre größten Erfolge, doch die Geschichte ihrer Entwicklung ist nicht leicht zurückzuverfolgen. Es gibt keine erhaltenen Bauwerke in Konstantinopel aus der Zeit zwischen der altertümlichen Basilika des Studios-Klosters aus der Mitte des 5. Jahrhunderts und den großen Baudenkmälern aus Justinians Regierungszeit, deren schönstes die unvergleichliche Hagia Sophia ist. Informationen über dazwischen entstandene Bauten waren dringend notwendig, um diese Lücke zu schließen.

Aus einem langen, in der *Palatinischen Anthologie* erhaltenen Epigramm war bekannt, daß Anicia Juliana den Bau einer großen Kirche veranlaßt hatte, die ihrem Lieblingsheiligen, dem Krieger und Märtyrer Polyeuktos, geweiht war. Aber wo stand dieses Bauwerk? In unseren modernen Städten sind die Arbeiten der Stadtplaner in der Regel erbärmlich, führen aber gelegentlich zu unverhofften Entdeckungen. So wurde 1960 bei Arbeiten an den Fundamenten des neuen Rathauses von Istanbul ein Fragment einer Marmorinschrift zutage gefördert, die sich als Teil des Epigramms über Anicia Julianas Kirche herausstellte. Vier Jahre später stießen die Planierraupen bei den Vorbereitungsarbeiten zum Bau einer Unterführungsstraße auf einen nahegelegenen offenen Raum, wo weitere Marmorstücke geborgen wurden. Das türkische Amt für Archäologie schaltete sich eiligst ein und erteilte die Erlaubnis zur Arbeit am Fundort sowohl seinen eigenen Archäologen unter der Leitung des verstorbenen Dr. Nezih Firatli als auch dem Dumbarton Oaks Institute in Washington, D.C., dessen Ausgräbergruppe von dem englischen Professor R. M. Harrison geleitet wurde.

Der Bericht über die daraufhin unternommenen Ausgrabungen liest sich wie eine archäologische Detektivgeschichte. In sechs Grabungsperioden voll harter Arbeit gelang es den Forschern, die Funde mit peinlicher Genauigkeit und nicht nachlassendem Eifer zusammenzusetzen und nicht nur den Grundriß dieses großen Bauwerks zu entdecken, sondern auch seine wahrscheinliche Höhe und Einzelheiten seiner bemerkenswert reichen Dekoration, von der Bruchstücke bis nach Spanien gelangt waren. Wir können jetzt ermessen, welche Rolle es in der Entwicklung der prachtvollen Architektur im Byzanz des 6. Jahrhunderts spielte.

Das faszinierendste Ergebnis der Ausgrabung war vielleicht, daß sie erkennen ließ, warum die Kirche gebaut wurde. Das ihre Mauern schmükkende Epigramm verglich Anicia Juliana mit Salomon, dessen Tempel ihre Kirche übertraf. Die detaillierte Untersuchung des Grundrisses zeigt, wie genau ihre Baumeister die Maße des großen Tempels in Jerusalem, wie er in der Bibel beschrieben ist, übernahmen. Salomon war der archetypische König in der Bibel, und im Bewußtsein ihrer hohen Abstammung war die Prinzessin entschlossen, neben ihrem Palast einen königlichen Sakralbau zu errichten als Akt der Herausforderung gegenüber den Kaisern ihrer Zeit, die sie als Emporkömmlinge betrachtete. Es nimmt nicht wunder, daß Kaiser Justinian nach der Fertigstellung der noch größeren und prächtigeren Hagia

Sophia selbstgefällig ausrief: „Salomon, ich habe dich besiegt!" Die eigenwillige alte Dame war der Salomon, den er dabei im Sinn hatte.

Wir sind Professor Harrison zu großem Dank dafür verpflichtet, daß er die Geschichte dieser erstaunlichen archäologischen Leistung in einer Ausdrucksweise erzählt, die auch der Nichtfachmann versteht.

Steven Runciman

Für Işin Firatli und Mary

Verfasser und Verlag danken all jenen, die zusätzliche Illustrationen für dieses Buch zur Verfügung gestellt haben, besonders Professor C. Mango, Professor R. Mark, Professor T. F. Mathews und Miss Sheila Gibson, von der die Diagramme, Aufriß- und Rekonstruktionszeichnungen stammen.

Vorwort

Der Standort von Anicia Julianas Palastkirche St. Polyeuktos wurde 1960 wiederentdeckt; die Ausgrabung begann vier Jahre danach und dauerte 56 Wochen in sechs Grabungsperioden. Der detaillierte fachwissenschaftliche Gesamtbericht wurde gesondert in zwei großen Bänden veröffentlicht, doch die Grabungsergebnisse sind unter architektonischen, künstlerischen und historischen Gesichtspunkten so außergewöhnlich interessant und bedeutsam, daß es wünschenswert erschien, darüber hinaus eine kurze Dokumentation ohne den Ballast zu vieler archäologischer Details zu erarbeiten. Die frühbyzantinische Archäologie steckt noch in den Kinderschuhen, und es steht zu hoffen, daß das vorliegende Werk, dessen Inhalt ein völlig neues Licht auf die Hauptentstehungszeit der byzantinischen Kunst wirft, sowohl beim Leserpublikum als auch bei Kunsthistorikern, Architekten und Archäologen auf Interesse stößt.

Die Ausgrabungen wurden von Dumbarton Oaks (Zentrum für byzantinische Studien der Harvard University) und dem Archäologischen Museum Istanbul ausgeführt; die gemeinsame Leitung oblag dem verstorbenen Dr. Nezih Firatli und mir. Leitende Mitarbeiter waren Dr. Margaret Gill (Kleinfunde), Elizabeth Harrison (Fotografie), Dr. John Hayes (Keramik), Gordon Lawson und Ülkü Izmirligil (Architekten), Christopher Arthur, Dr. Nusin Asgari, Colin Burgess, Professor Barri Jones, John Little, Penny Pfeiffer, Saamin Sismanoglu, John Tait und Michael Vickers (Grabungsaufsicht). Nach Beendigung der Ausgrabung wurden die Münzen von Michael Hendy, die Tonsiegel von Dr. Stephen Hill und die Tierknochen und Mollusken von Professor Kurt Kosswig untersucht. Wertvolle Unterstützung und Hilfe in technischen Fragen und Verwaltung leistete in allen Phasen das Archäologische Museum. In der ersten Grabungsperiode waren 15, in der vierten Periode 67 Arbeitskräfte beschäftigt. Ihr Vorarbeiter war Serif Çavus, und zum Kerntrupp, der in allen sechs Grabungsperioden dabei war, gehörten Ali Eryigit, Recep Çelik und Sabahattin Yurtseven. Ein fleißigeres, vertrauenswürdigeres Arbeitsteam ist kaum zu finden. Der Aufwand für die sechs Grabungsperioden (einschließlich Fahrtkosten von und nach Großbritannien) belief sich auf ungefähr $ 96 000.

Besonderer Dank gebührt Necati Dolunay, dem damaligen Direktor des Archäologischen Museums Istanbul, und dem verstorbenen Hikmet Gürçay, Generaldirektor im Amt für Archäologie. Von den sehr vielen Besuchern am Grabungsort, die beachtenswerte Ratschläge und Hilfe beisteuerten (sie waren Legion!), seien hier nur genannt: Professor Semavi Eyice, Alison Frantz, Ernest Hawkins und die Professoren Ernst Kitzinger, Richard Krautheimer, Cyril Mango, James Morganstern, Ihor Sevcenko, Lee Striker und Paul Underwood.

Die Kleinfunde, ausgewählte Keramiken, figürliche Skulpturen, Tierknochen und die kunstreicheren Marmorfunde wurden im Archäologischen Museum Istanbul untergebracht. Die Mehrzahl der Grabungsfunde verblieb an Ort und Stelle in einem großen Schuppen, der innerhalb der Grundmauern des nördlichen Seitenschiffs aufgestellt wurde. Ein detaillierter Plan für die Gestaltung der Fundstätte als archäologisches Schutzgebiet wurde 1968 von Ralph Griswold erarbeitet und 1969 von der Istanbuler Stadtverwaltung genehmigt. Bis jetzt wurde allerdings nur der erste Teil dieses Plans verwirklicht.

Auf die Ausgrabung folgte eine lange Zeit des Zusammentragens und Untersuchens an Ort und Stelle, im Archäologischen Museum Istanbul und in Newcastle, wo mich Lynn Ritchie bei der Vorbereitung des Gesamtberichts sachkundig unterstützte. Zwischenberichte waren jährlich in den *Dumbarton Oaks Papers* erschienen; der Gesamtbericht mit detaillierten Beschreibungen von Konstruktion und Stratigraphie, fachmännischen Untersuchungen von Skulpturen, Wandverkleidungen, Mosaiken, Tonsiegeln, Kleinfunden, Münzen, Knochen, Mollusken und Materialien aus späterer byzantinischer und osmanischer Zeit sowie ein zweiter, von John Hayes herausgegebener Band über Keramik und Glas erschienen bei Dumbarton Oaks und Princeton University Press. Sowohl bei der Zusammenstellung des Gesamtberichts als auch bei der Vorbereitung der vorliegenden synoptischen Kurzbeschreibung der Kirche leistete Wendy Young, meine Sekretärin, große Hilfe. Schließlich gilt mein Dank der Princeton University Press für die freundliche Genehmigung zur Verwendung großer Teile der Kapitel 2, 5 und 15 des ersten Bandes des Gesamtberichts, *Excavations at Saraçhane in Istanbul*.

Institute of Archaeology and All Souls College,
Oxford, 1989

Die Ausgrabung und Entdeckung der Polyeuktoskirche

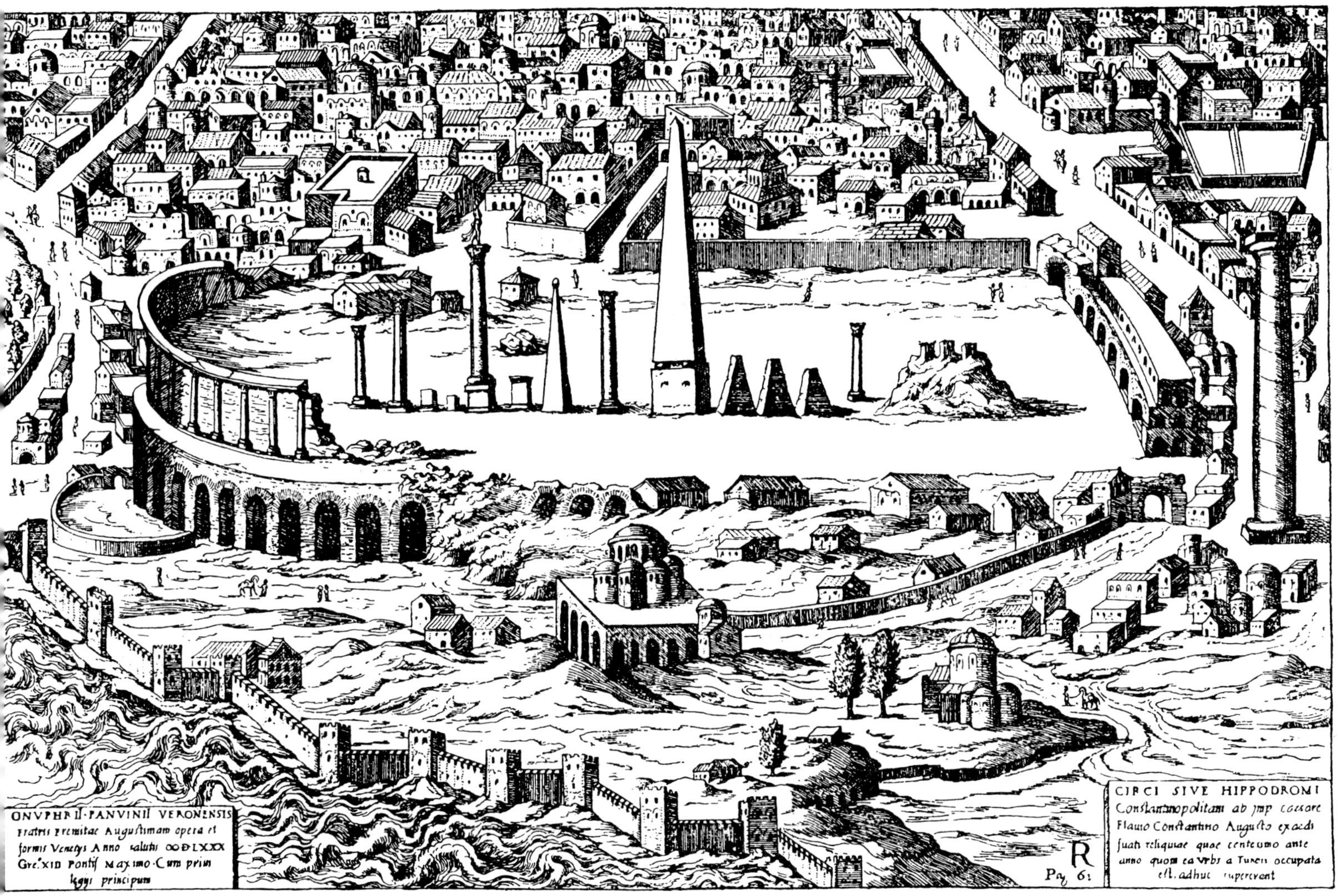

1. Die Ruinen des ursprünglich römischen Hippodroms, das von Konstantin erheblich erweitert und von seinen Nachfolgern reich ausgeschmückt wurde. Stich, 1450.

I. Konstantinopel und Anicia Juliana

Der römische Soldat Polyeuktos starb wahrscheinlich im Jahr 251 in Melitene, dem heutigen Malatya in der östlichen Türkei, um seines christlichen Glaubens willen den Märtyrertod. Bis vor kurzem war er insbesondere als Hauptfigur einer Tragödie von Corneille und einer Oper von Gounod bekannt, doch zu diesen zwei Kunstwerken kommt jetzt ein drittes: die Kirche in Konstantinopel, die ihm im 6. Jahrhundert von Prinzessin Anicia Juliana geweiht wurde.

Der Standort der Polyeuktoskirche mitten in der Altstadt wurde 1960 durch Zufall entdeckt, und die darauffolgenden Ausgrabungen förderten im Lauf der Zeit die Überreste eines außergewöhnlich prunkvollen und bedeutenden Bauwerks zutage. Um die Bedeutung der Kirche richtig zu würdigen, sollte man sich, bevor man sie untersucht, den geographischen und historischen Hintergrund und insbesondere das Wachstum und die Blüte der Stadt, die als kaiserliche Hauptstadt auf Rom folgte, vergegenwärtigen.

Die Lage Roms einige Kilometer flußaufwärts im westlichen Italien eignete sich schlecht für die Hauptstadt eines Reiches, das sich vom Tyne in Britannien zum Tigris und vom Atlas zum Kaukasus erstreckte (vgl. Karte auf dem Vorsatz). Besonders weit war Rom von seinen nördlichen und östlichen Grenzen entfernt, die im 3. Jahrhundert fast ununterbrochen von Barbaren oder Persern bedroht und häufig überschritten wurden. Um dieser Gefahr zu begegnen, errichtete man neue Kaiserstädte in Trier und Mailand im Westen und in Sirmium, Thessalonike und Nikomedia im Osten. Rom wurde geradezu ein Anachronismus: Kaiser Diokletian besuchte es erstmals im Jahr 303 zur Feier seines zwanzigjährigen Regierungsjubiläums. Es gab somit Präzedenzfälle, als Kaiser Konstantin d. Gr. sich im Jahr 324 für die kleine Provinzstadt Byzanz entschied und sie im Jahr 330 als neue römische Hauptstadt mit dem Namen Konstantinopel einweihte.

Die Wahl beruhte auf Gesichtspunkten der Zugänglichkeit und Verteidigung. Am südlichen Ende des Bosporus auf europäischer Seite lag Konstantinopel dort, wo in west-östlicher Richtung die Überlandrouten zwischen Europa und Asien und wo in nord-südlicher Richtung die Seewege zwischen dem Schwarzen Meer und dem Mittelmeer an der schmalen Meerenge zusammenliefen. Seine Lage war somit günstig für die Auseinandersetzungen mit den Problemen sowohl in den Donauländern als auch in den Euphratgebieten. Das Goldene Horn, eine lange, tiefe Bucht an der nörlichen Stadtseite, bildete einen einzigartigen Hafen und grenzte die leicht zu ver-

2. Ansicht der Grundmauern der Polyeuktoskirche von Westen über Unterbauten nördlich des Atriums. Im Hintergrund die Sehzade-Moschee und ein Flügel des Rathauses.

3. Der Obelisk auf der Mittelachse des Hippodroms, im Jahr 390 von Theodosius aus Ägypten hierher verbracht.

teidigende Halbinsel ab. Die im 7. Jahrhundert v. Chr. von Megara gegründete griechische Kolonie Byzantion war bis zum ersten Viertel des 3. Jahrhunderts eine römische Stadt geworden, die nach Belagerungen und Zerstörungen weitgehend wieder aufgebaut war. Sie lag an der Spitze der Halbinsel und bildete den Kern von Konstantins viel größerer Stadt.

Obwohl Konstantin das Christentum förderte, machte seine Stadt mit ihren kolonnadengesäumten Straßen, Plätzen, Monumenten sowie öffentlichen und privaten Bauten auf den ersten Blick nicht unbedingt einen christlichen Eindruck. Konstantin selbst wurde erst im Jahr 337 auf dem Totenbett getauft, und obwohl einige Kirchen ihm zugeschrieben werden, wurde die erste Hagia Sophia erst im Jahr 360 geweiht, während die Apostelkirche ursprünglich als sein Mausoleum errichtet wurde. Im Jahr 381 wurde jedoch der Bischof von Konstantinopel über die Bischöfe von Alexandria und Antiochia gestellt, und im Jahr 390 schloß Kaiser Theodosius I. alle heidnischen Tempel und verbot deren Kulte.

Im Jahr 413 errichtete Theodosius II. landeinwärts eine starke neue Mauer und vergrößerte dabei das Stadtgebiet auf etwa 1400 Hektar, fast das Doppelte der vorherigen Fläche. Ein Kataster aus jener Zeit enthält jedoch nur 14 Kirchen gegenüber 14 Palästen, 8 öffentlichen und 153 privaten Badehäusern, 5 Getreidespeichern und 4 388 festen Häusern.[1] Die damalige Einwohnerzahl wird auf eine Viertelmillion geschätzt. Die wichtigsten, teilweise als Ruinen erhaltenen Bauwerke aus jener Epoche sind das Hippodrom (Abb. 1), zwei Triumphbogen (Abb. 4, 5), verschiedene Gedenksäulen (Abb. 6, 12), ein Aquädukt (Abb. 7), Zisternen (Abb. 8), offene Reservoire, die Stadtmauern (Abb. 9), Teile von drei oder vier Palästen (Abb. 10) und die Überreste von ebenso vielen Kirchen.[2] Die Hagia Sophia, die im Jahr 404 bis auf das Fundament abgebrannt war, wurde im Jahr 415 wieder aufgebaut; Fragmente des reich skulptierten äußeren Tors dieses Neubaus wurden ausgegraben (Abb. 11). Obgleich nur so wenig erhalten geblieben ist oder zutage gefördert wurde, zeugt dieses Wenige doch von der hochentwickelten Dekoration und vermittelt insgesamt ein sprechendes Bild.

Wie jede neue Hauptstadt mußte auch Konstantinopel zuerst in anderen, älteren Zentren nach Handwerkern, Kunst und Ideen Ausschau halten. Zu

4. Der Theodosiusbogen, um 390 an der Südwestecke seines Forums erbaut. (Rekonstruktion von W. Müller-Wiener.)

6. Porphyrsäule, von Konstantin in seinem Forum errichtet. Die stark reparierte und gesicherte Säule trug einst eine Statue Konstantins und ist in der Stadt das einzige erhaltene Monument aus Konstantins Regierungszeit.

5. Das Goldene Tor, ein dreifacher Bogen, stand etwa eineinhalb Kilometer außerhalb der Konstantinischen Stadtmauer an der Via Egnatia, der Hauptstraße nach Westen. Es wurde 413 in die neue Stadtmauer von Theodosius II. einbezogen.

7. Der Valensaquädukt, von Kaiser Valens (364–378) wahrscheinlich ab 368 erbaut, führte Wasser von den Bergen nordöstlich der Stadt zu einer zentralen Verteilstelle im Theodosiusforum.

8. Die Zisterne der 1001 Säulen (Binbirdirek), eine der beiden riesigen unterirdischen Zisternen in der Stadt. Die Säulen sind aufeinandergestellt; ursprünglich waren es 224 derartige Doppelsäulen.

9. Die Stadtmauer landeinwärts, von Theodosius II. im Jahr 413 etwa eineinhalb Kilometer außerhalb der Konstantinischen Stadtmauer erbaut.

10. Palastwohnungen mit Blick auf das Marmarameer, auf der seewärts gelegenen Stadtmauer erbaut. Die Türen öffneten sich ursprünglich auf Balkone.

diesen älteren Zentren gehörten vor allem Alexandria und Antiochia, aber auch andere große Städte wie Ephesus. Nach den wenigen Zeugnissen zu urteilen, die wir haben, scheint sich der Übergang Konstantinopels von einer konservativen, abhängigen Stadt zu einem kreativen, einflußreichen, selbständigen Zentrum der Architektur und Skulptur nicht vor etwa 500 n. Chr. vollzogen zu haben. Die zweite Hagia Sophia (415), die Johanneskirche des Studios-Klosters von etwa 450 (Abb. 13, 21) und die Marienkirche in Chalkoprateia aus derselben Zeit waren einfache, holzgedeckte Basiliken mit Mittelschiff, Seitenschiffen, Emporen und Narthex. Der Skulpturenschmuck an Bauwerken wie dem Goldenen Tor (um 390), dem äußeren Tor der Hagia Sophia (Abb. 11), der Johanneskirche des Studios-Klosters (Abb. 13) und der Marcian-Säule von 450–452 (Abb. 12) weist traditionelle Formen auf: Kompositkapitelle, Medaillonkarniese, Zierleisten (Rund- und Viertelstab, ionisches Kyma) und Motive wie Perlstab (Astragalus), Eierstab, Blattleiste, Akanthus eingerollt und aufrecht – ein Standardrepertoire in meist nachlässiger Ausführung. Ausnahmen sind die Apostelkirche in Konstantinopel mit ihrem kreuzförmigen Grundriß und der Theodosiusbogen in Beyazit mit seiner kunstvollen Form und Dekoration.

Nur wenige Baudenkmäler sind erhalten, und auf archäologischem Gebiet ist über Konstantinopel im späten 5. und frühen 6. Jahrhundert kaum etwas bekannt. Doch mit der Thronbesteigung von Kaiser Justinian im Jahr 527 ändert sich die Lage von Grund auf.

11. Hauptgesimsblock vom Tor zur Hagia Sophia von Theodosius II. (415) mit Perlstab-, Eierstab- und Blattleisten sowie Akanthus.

12. Kapitell der Makiansäule (450–452) bei Saraçhane.

13. Kapitell und Hauptgesims aus der Johanneskirche des Studios-Klosters.

Im Jahr 532 fiel die Hagia Sophia aus dem 5. Jahrhundert wie ihre Vorgängerkirche einem Brand zum Opfer. Dieses Mal erhob sich aus der Asche aber keine weitere holzgedeckte Basilika, sondern der große Ziegelkuppelbau, der heute noch steht (Abb. 14, 15, 22). Justinian zog als Baumeister Anthemius von Tralles und Isidorus von Milet heran, die eher Bauingenieure als Architekten waren, und schon nach fünf Jahren, im Jahr 537, wurde die Hagia Sophia geweiht. Die Ziegelkuppel hat einen Durchmesser von 32 Metern und erhebt sich in 30,95 Metern Höhe (dies entspricht 100 byzantinischen Fuß) über dem quadratischen Zentrum des Schiffs. Östlich und westlich befinden sich zwei große Halbkuppeln; der Seitenschub wird von sinnreich angeordneten Stützen, Pfeilern und Gewölben aufgefangen. Während Justinians Regierungszeit stürzte die Kuppel ein (558), wurde aber 563 durch die höhere, heute noch bestehende Kuppel ersetzt, so daß das Bauwerk eine Höhe von 55,60 Metern hat.[3] Die fast halbkugelförmige Kuppel wurde im Mittelalter zweimal schwer beschädigt und jedesmal wieder

14. Justinians Hagia Sophia (532–537).

repariert. Sie ruht auf einem kreisförmigen Gesims und wird von Pendentifs gestützt. Wahrscheinlich war die frühere, flachere Kuppel ebenfalls mit Pendentifs ausgestattet. Die Hagia Sophia ist allein schon wegen ihrer Größe und ihrer ausgewogenen Proportionen atemberaubend und gilt zu Recht als die größte architektonische Leistung des ausgehenden Altertums. Auch die Dekoration weist bemerkenswerte Neuerungen auf. Anstelle von korinthischen oder Kompositkapitellen finden sich Korbkapitelle, gänzlich überzogen mit horizontal gespreizten und vertikalen Akanthusblättern, die tief eingemeißelt und unterschnitten sind (Abb. 15). Das Hauptgesims besitzt eine flächendeckende Akanthusverzierung, bei der natürliche oder traditionelle Formen dem Muster vollkommen untergeordnet sind. Diese Art der Ornamentierung wurde zum Kennzeichen der byzantinischen Kunst.

Bis vor kurzem war das einzige vergleichbare Bauwerk aus früherer Zeit die viel kleinere und einfachere Kirche der Heiligen Sergius und Bacchus, die von Kaiserin Theodora irgendwann zwischen 527 und 536 errichtet

15. Kapitelle und Hauptgesims der Mittelschiffkolonnade in Justinians Hagia Sophia. Die ganz mit Akanthus überzogenen Korbkapitelle weisen Anklänge an ionische Voluten auf.

16. Kapitell und Hauptgesims der Kirche der Heiligen Sergius und Bacchus. Das Korbkapitell ist im neuen Stil gestaltet, die lange Reliefinschrift erinnert an die Polyeuktoskirche, doch ist das Hauptgesims in seiner Ornamentik (Perlstab, Eierstab, Akanthusschnörkel) sehr konservativ.

wurde (Abb. 17). Hier wird die Kuppel von Schildbogen auf einer achteckigen Basis innerhalb eines Quadrats gebildet. Dies ergibt ein schwerfälligeres Aussehen; am besten geglückt sind in dieser Kirche vielleicht wiederum die Reihen der reich verzierten Korbkapitelle (Abb. 16). Eine weitere erhaltene Kirche aus Justinians Regierungszeit ist St. Irene (Abb. 18), eine große, gewölbte Basilika mit einer Kuppel auf Pendentifs über dem östlichen Teil des Schiffs. Ein bedeutender Sakralbau, der nicht erhalten ist, war Justinians Neubau der Apostelkirche. Es gibt eine zeitgenössische Schilderung des Geschichtsschreibers Prokop, der erwähnt, daß Justinians Johanneskirche in Ephesus (deren Ruinen erhalten sind) dem Vorbild der Apostelkirche folgte.[4] Sie hatte einen kreuzförmigen Grundriß mit einer Kuppel über der Vierung, zwei Kuppeln über dem Langschiff und je einer Kuppel über den drei anderen Balken der Kreuzform.

Offenkundig wurden die Kuppeln zu einem Merkmal der großen Kirchen in Konstantinopel, und die Baukunst der Hauptstadt konnte nun ihren Einfluß auf die Provinzen ausüben. Dazu kam, daß man Kuppeln auf rechteckige

17. Die Kirche der Heiligen Sergius und Bacchus (zwischen 527 und 536) von Südwesten. Acht Mauerwerkpfeiler, getrennt durch offene Exedren und das Sanktuarium, tragen die Kuppel, die sich somit auf einer achteckigen Basis erhebt.

18. Die Irenenkirche (532 und 740).

Kirchenschiffe bauen konnte, so daß die Bauwerke nicht nur eine große Höhe, sondern auch eine große Länge erreichten.

Die überkuppelte Basilika, wie sie sich uns in der Hagia Sophia zeigt – einem, wie wir gesehen haben, gigantischen Bauwerk von einzigartiger Eleganz –, schien keinen Vorläufer in Konstantinopel zu haben; dies wurde wenigstens bis in unsere Zeit angenommen. In den Provinzen wurden die ersten echten Pendentifs, die freilich im Vergleich zu denjenigen in der Hauptstadt sehr klein waren, im Kloster Abu Mina bei Alexandria im frühen 5. Jahrhundert verzeichnet.[5] Aus dem späteren 5. Jahrhundert sind vier Kirchen in Isaurien im südlichen Kleinasien bekannt, jede auf einem Basilikagrundriß mit zentralem Turm und Schildbogen. Sie befinden sich in Alahan (die am besten erhaltene Kirche, Abb. 19), Dag Pazari, Meryemlik und Korykos; fast sicher wurden sie von Kaiser Zeno (474–491) errichtet, der aus Isaurien stammte und nachweislich eine Kirche in Meryemlik erbaute.[6]

Ob die Schildbogen nun eine leichte Kuppel oder, wie einige Fachleute unlängst meinten, ein niederes, pyramidenförmiges Holzdach trugen – die Kombination von Längsgrundriß und vertikaler Mittelachse war offensichtlich nunmehr fest eingeführt. Aus dem 6. Jahrhundert, wahrscheinlich aus dessen zweitem Viertel, stammt eine kürzlich entdeckte Gruppe von Kirchen in Lykien, ebenfalls im südlichen Kleinasien. Sie folgen einer Dreikonchenanlage mit drei Apsiden nach Norden, Osten und Süden, davor befinden sich Hauptschiff und Seitenschiffe. Der von den drei Apsiden gebildete Chor ist quadratisch. In Karabel, Devekuyusu und Dikmen liegt die Kirche in Trümmern, in Alacahisar ist sie jedoch in den Felsen gehauen; echte Pendentifs sowie der untere Teil des Kuppelgewölbes sind gut erhalten, und zwar in deutlicher Nachahmung von Mauerwerk (Abb. 20).[7] Man nimmt an, daß die Kirche in Alacahisar als Nachbildung der Kirche in Karabel

19. Die Ostkirche des Klosters in Alahan (spätes 5. Jahrhundert) von Osten. Ein zentraler Turm erhebt sich über dem Ostende des Mittelschiffs.

entstand, der sie in den Ausmaßen entspricht und die mit großer Wahrscheinlichkeit in den 530er Jahren erbaut wurde, also um die gleiche Zeit wie Justinians Hagia Sophia.

Im späten 5. und frühen 6. Jahrhundert vollzogen sich also in den Provinzen interessante Entwicklungen bei Grundriß und Aufriß der Kirchen. Man kann sich kaum vorstellen, daß die Baumeister Anthemius und Isidorus in der Hauptstadt eine überkuppelte Basilika von der Größe und Ausgewogenheit der Hagia Sophia in Angriff genommen hätten, wenn sie nicht auf irgendwelche relevanten Vorbilder hätten zurückgreifen können. Da Ziegelsteine das traditionelle Material für Gewölbe in Konstantinopel waren, während in dem gebirgigen Isaurien und Lykien Hausteine dafür verwendet wurden, befanden sich solche Vorbilder wahrscheinlich am Ort.[8]

Eine Reihe großer Kirchen, die mit Justinian in Verbindung gebracht werden, ist durch Zufall erhalten geblieben, ebenso die Schriften des Geschichtsschreibers Prokop, dessen Beschreibungen von Justinians Bauten in Konstantinopel und in den Provinzen ein einziges Loblied darstellen. An-

20. Felsenkirche in Dreikonchenform in Alacahisar in Lykien (wahrscheinlich zweites Viertel des 6. Jahrhunderts), Blick zum Sanktuarium vom Westende des südlichen Seitenschiffs. Das Sanktuarium war in den gewachsenen Felsen gehauen, der übrige Mauerwerkbau war zerfallen. Beachtenswert ist der formvollendete Gewölbezwickel zwischen der nördlichen und der östlichen Apsis und der Ansatz der Kuppel.

gesichts der Spärlichkeit der mit Sicherheit datierbaren Überreste neigte man wahrscheinlich dazu, zu vieles Justinian zuzuschreiben. Die Neuheit der Hagia Sophia (und der Kirche der Heiligen Sergius und Bacchus) in baukünstlerischer und bildhauerischer Hinsicht wurde auch deshalb besonders hervorgehoben, weil die letzte erhaltene Kirche, die in der Hauptstadt vor der Hagia Sophia entstanden war, die Johanneskirche des Studios-Klosters war, die um 450 erbaut worden war, also gut 80 Jahre vor der Hagia Sophia (Abb. 21).

21. Ansicht der Johanneskirche des Studios-Klosters (um 450) von Osten. Sie war eine holzgedeckte Basilika mit Mittelschiff, Seitenschiffen, Emporen und einem flachen Hauptgesims über den Mittelschiffkolonnaden.

Bei Planierungsarbeiten im Umkreis des neuen Rathauses von Istanbul in Saraçhane mitten in der antiken Stadt wurden im Jahr 1960 einige Marmorblöcke entdeckt. Zwei von ihnen wiesen eine Inschrift in erhabenen, etwa 11 cm hohen Buchstaben auf (Abb. 34). Ihor Sevcenko gelang es, die Herkunft der noch lesbaren Wörter aus einem 76 Hexameterzeilen langen Gedicht nachzuweisen, das in vollem Wortlaut in der *Palatinischen Antho-*

22. Innenansicht der Hagia Sophia. Die gemauerte Kuppel mit einem Durchmesser von 33 m ruht auf vier massiven Pfeilern, daraufgestellten Bogen und Gewölbezwickeln.

23. Ein Pfeilerkapitell wird gehoben. Erste Grabungsperiode 1964.

24. Eine Gruppe in unserem Team: unsere drei wichtigsten Grabarbeiter Ali, Sabahattin und Recep.

25. Der Autor bei der Arbeit an der Südostecke des Mittelschiffs während der ersten Grabungsperiode 1964.

26. Der axiale Gang unter dem Mittelschiff während der Ausgrabung, Blick nach Westen. Im Vordergrund erkennt man die elliptische Ausbuchtung des Gangs um das Ambofundament herum, dann eine Reihe Marmorblöcke, wie sie aufgefunden wurden. Der vorderste trägt Zeile 9 des Gedichts, darauf folgen das Pfeilerkapitell mit Palmendekor und zwei Fragmente des Hauptgesimsbogens mit Zeile 16. Die Person oben links im Bild steht auf der kompakten Unterfütterung des Mittelschiffußbodens; dahinter ist die Schicht von weißem Marmorbruch angeschnitten, auf der das Fußbodenmosaik verlegt wurde.

27. Ausgrabung der Unterbauten im nordwestlichen Abschnitt (Baptisterium?). Im 12. Jahrhundert, als die Unterbauten zu einer Zisterne umgebaut wurden, erhielten die Ziegelmauern einen Gipsbewurf.

28. Recep beim Freilegen von Mauerwerk.

29. Blick über die Ausgrabungsstätte von Südosten
am Ende der fünften Grabungsperiode (1968).

logie enthalten ist, einer um das Jahr 1000 kompilierten Sammlung antiker Verse und Epigramme.[9] Das betreffende Gedicht ist ein Preislied auf die byzantinische Prinzessin Anicia Juliana, ihre königliche Abstammung und die kunstreiche Prachtkirche, die sie zu Ehren des heiligen Polyeuktos erbauen ließ, jenes unbekannten Kriegers, der wahrscheinlich im Jahr 251 in Melitene in Kappadokien den Märtyrertod starb. Offensichtlich wurden seine Reliquien im frühen 5. Jahrhundert nach Konstantinopel überführt, denn wir erfahren aus dem Gedicht, daß Anicia Julianas Kirche an die Stelle einer ähnlichen Kirche trat, die von Kaiserin Eudoxia, Gemahlin Theodosius' II., an derselben Stelle errichtet worden war. Unter den Reliquien befand sich wohl der Schädel des heiligen Polyeuktos, der im Mittelalter dort aufbewahrt wurde, wie aus einer Quelle des 11. Jahrhunderts bekannt ist. Daß immer mehr Heiligenreliquien nach Konstantinopel verbracht wurden, steigerte die Anziehungskraft und Bedeutung der Hauptstadt. Anicia Julianas Wahl fiel wahrscheinlich – wenigstens teilweise – deshalb gerade auf diesen Heiligen, weil sie ihre Beziehung zu Eudoxia und damit zur kaiserlichen Familie hervorheben wollte.

Das Gedicht besteht aus zwei Teilen. Im ersten wird Anicia Juliana und ihre königliche Abkunft gepriesen, im zweiten wird vorwiegend die Kirche beschrieben. Beide Teile nehmen Bezug auf Vergangenheit, Gegenwart und Zukunft ihrer Familie. Die folgenden Auszüge in wörtlicher Übersetzung vermitteln eine Vorstellung von Inhalt und Stil:

„Die Kaiserin Eudoxia war in ihrem Eifer, Gott zu ehren, die erste, die eine Kirche für den göttlich erleuchteten Polyeuktos erbaute; sie machte sie aber nicht so schön oder groß wie diese Kirche, nicht wegen irgendeiner Beschränkung oder eines Mangels an Mitteln – denn woran könnte es einer Königin fehlen? –, sondern weil sie die göttliche Vorahnung hatte, daß ihre Familie und ihre Nachkommen die Kenntnisse und Mittel für eine prächtigere Zier haben würden. Juliana, glanzvolles Licht gesegneter Eltern, in deren Adern das königliche Blut dieser Familie in der vierten Generation floß, enttäuschte die Hoffnungen jener Königin, Stammutter der berühmtesten Familienmitglieder, nicht, sondern erhob dieses Bauwerk von seinem kleinen Ursprung zu seiner jetzigen Größe und Gestalt." (Zeilen 1–10)

„Sie folgte in allem den wohlbegründeten Fußstapfen ihrer Eltern und begründete eine Familie, die unsterblich ist und stets den Pfad der Tugend beschreitet. Mögen deshalb die Diener des himmlischen Königs, diejenigen, denen sie Gaben darbrachte, und diejenigen, denen sie Kirchen erbaute, sie mit ihrem Sohn und seinen Töchtern bereitwillig beschützen. Und möge der unaussprechliche Ruhm der allereifrigsten Familie fortdauern, solange die Sonne ihren feurigen Wagen lenkt." (Zeilen 34–41)

„Welcher Chor würde genügen, um das Werk Julianas zu besingen, die nach Konstantin, der sein Rom verschönerte, nach der heiligen goldenen Leuchte Theodosius und nach so vielen Vorfahren königlicher Abkunft in wenigen Jahren ein Werk vollbrachte, das ihrer Familie würdig und mehr als würdig ist? Sie allein hat die Zeit besiegt und die Weisheit des berühmten Salomon übertroffen und als Wohnstatt Gottes eine Kirche erbaut, deren reichen Schmuck und anmutige Pracht die Zeiten nicht genug rühmen können. Wie erhebt sie sich auf tiefgegründeten Fundamenten, wie wächst sie von unten auf und ragt zu den Sternen am Himmel, wie dehnt sie sich von Osten nach Westen aus und wie unbeschreiblich funkelt sie in strahlender Sonne auf beiden Seiten! Zu beiden Seiten des Mittelschiffs tragen Säulen, die auf kraftvollen Säulen stehen, das strahlenförmige goldene Dach. Auf beiden Seiten haben Nischen, in Bogen ausgehöhlt, das fortwährend umlaufende Licht des Mondes entstehen lassen. Die einander gegenüber stehenden Mauern haben in unabmeßbaren Pfaden wunderbare Wiesen von Edelsteinen ins Leben gerufen, deren in den tiefen Tiefen des Felsens erblühende Strahlkraft die Natur verborgen und für das Haus Gottes, als Julianas Gabe, bewahrt hat." (Zeilen 42–64)

„Dies ist das Werk, das Juliana nach zahllosen Mühen für die Seelen ihrer Eltern und für sich selbst und für das Leben derer, die kommen werden, und derer, die schon sind, vollbracht hat." (Zeilen 74–76)

Die ersten 41 Zeilen des Gedichts waren, den Randbemerkungen in der Handschrift zufolge, im Kirchenschiff umlaufend eingemeißelt; der Rest befand sich im Narthex und im Hof. Zudem hatte, wie die Bemerkungen berichten, der Bau der Kirche nur drei Jahre in Anspruch genommen. Das *Zeremonienbuch,* eine Quelle aus dem 10. Jahrhundert, berichtet darüber hinaus, daß die Polyeuktoskirche an einem Prozessionsweg vom Theodosiusforum zur Apostelkirche lag: „... und der Mesê folgend, schreitet er (der Kaiser) weiter am Bäckerviertel und dem Tauriforum (d. h. Theodosiusforum) vorbei. An der Kirche der allerheiligsten Gottesmutter der Diakonissa überreicht der Kaiser die Prozessionskerze, dann überquert er das Philadelphion, wendet sich nach rechts und kommt am Olybrius- und Konstantinianaviertel vorbei zur Polyeuktoskirche. Dort wechselt er seine Kerze und empfängt eine andere vom Präpositus (einem Kirchendiener), dann zieht er auf der Mesê weiter zur Apostelkirche." Die Mesê war die Hauptstraße durch die Stadt; ihr ungefährer Verlauf ist bekannt, ebenso an ihr die Lage des Philadelphion genannten Platzes. Vom Theodosiusforum (Tauriforum) weiß man, daß es in Beyazit lag, von der Apostelkirche, daß sie sich an der Stelle der großen Fatih-Moschee befand; Saraçhane, wo die Blöcke gefunden wurden, liegt etwa auf halbem Wege dazwischen (Abb. 30). Daß damit der Standort von Anicia Julianas Kirche entdeckt worden war, erschien einigermaßen sicher. Aus Rückschlüssen in dem Gedicht und anderen geschichtlichen Zeugnissen kann man die Kirche genau auf die Jahre 524–527 datieren. Hier bot sich also die Gelegenheit zur Ausgrabung und Erforschung der Überreste einer „verlorenen" Kirche von offenkundiger Pracht, die man mit Sicherheit auf die Zeit unmittelbar vor Justinians Thronbesteigung und knapp zehn Jahre vor der Hagia Sophia datieren konnte.

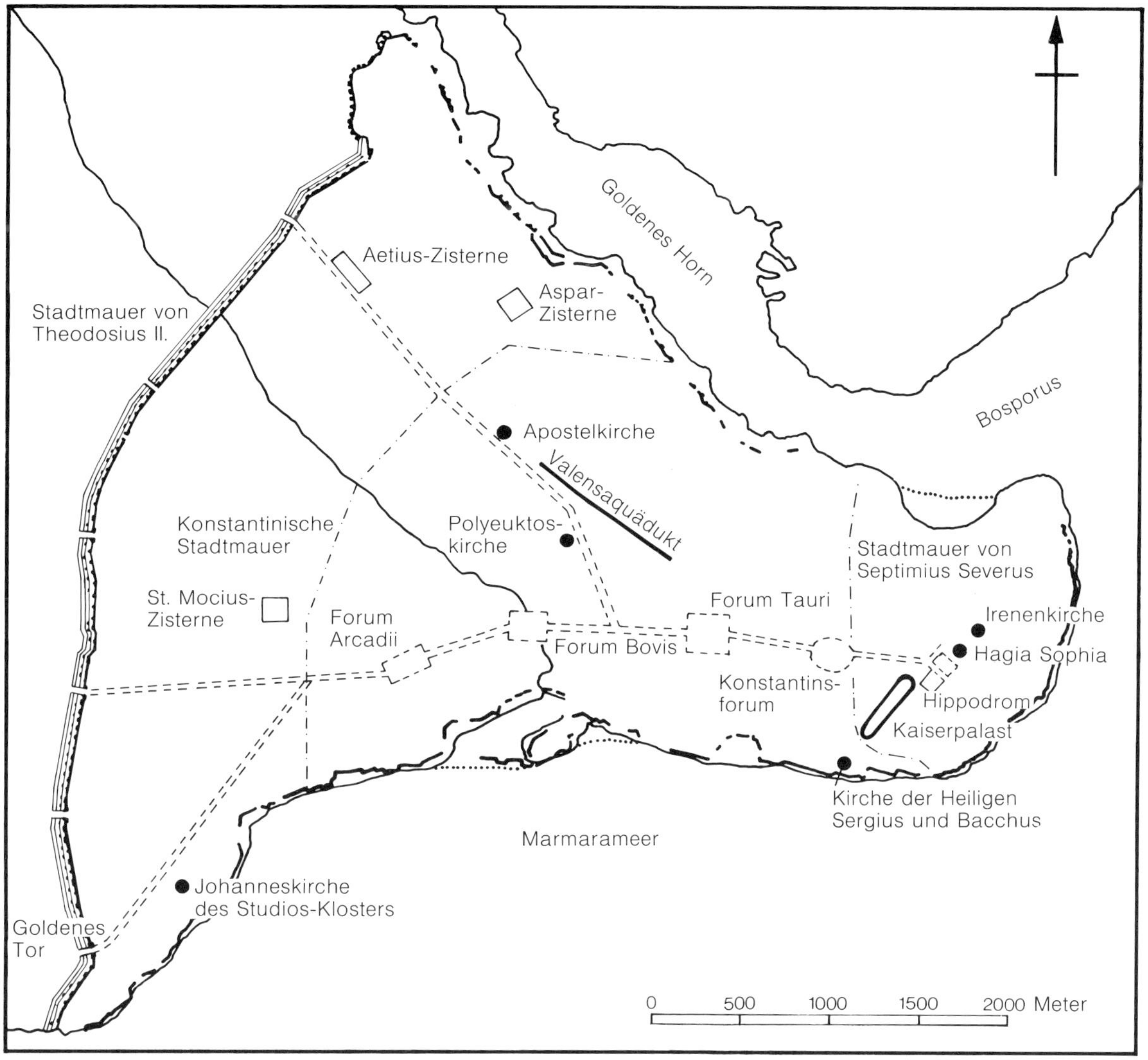

30. Stadtplan von Konstantinopel. Die Polyeuktoskirche liegt am Prozessionsweg vom Theodosiusforum zur Apostelkirche.

Wer war diese byzantinische Prinzessin, die „Salomons Weisheit übertraf" und eine „Kirche als Wohnstatt Gottes" erbaute? Wir kennen sie hauptsächlich von ihrem Porträt in dem prachtvoll illuminierten medizinischen Werk des Dioskorides, das für sie hergestellt wurde und sich heute in Wien befindet.[10] In gestraffter, majestätischer Haltung thront Anicia Juliana zwischen Personifizierungen der Großmut (Megalopsychia) und Klugheit (Sophrosyne); sie fesselt die Aufmerksamkeit und strahlt Autorität aus (Abb. 32). Es ist auch durchaus möglich, daß die schöne, aus der damaligen Zeit stammende Marmorbüste einer Frau sie ebenfalls darstellt (Abb. 33); das Kunstwerk wurde vor nicht langer Zeit vom Metropolitan Museum in New York erworben und stammte angeblich aus Istanbul.[11]

Anicia Julianas Familie war eine der berühmtesten im Römischen Reich. Väterlicherseits leitete sich ihre Abstammung von Männern her, die rund 700 Jahre früher gegen Hannibal gekämpft hatten und zu deren Nachkommen im Lauf der Generationen Staatsmänner höchstens Ranges gehörten (vgl. Stammbaum S. 149).[12]

Im Jahre 472 wurde ihr Vater Flavius Anicius Olybrius einer der letzten Kaiser des Westreichs. Auf mütterlicher Seite waren ihre beiden Großeltern direkte Nachkommen von Kaiser Theodosius I. Ihre Mutter Placidia war die Tochter von Valentinian III. (Sohn von Galla Placidia und Enkel von Theodosius I.) und Licinia Eudoxia (Tochter von Theodosius II., Enkelin von Arcadius und Urenkelin von Theodosius I.). Anicia Juliana wurde um 462 geboren und heiratete wahrscheinlich im Jahr 479 einen gewissen Areobindus, der germanischer Herkunft war. Ihren Sohn nannten sie Flavius Anicius Olybrius nach seinem kaiserlichen Großvater mütterlicherseits; er erhielt schon als Kind im Jahr 491 die Konsulwürde, 15 Jahre vor seinem Vater, der erst im Jahr 506 Konsul wurde. Flavius Anicius heiratete später Irene, die Tochter des Kaisers Anastasius I., und Anicia Juliana hoffte offenkundig, ihr Sohn werde den Kaiserthron besteigen. Doch als Anastasius im Jahr 518 starb, war niemand eindeutig zum Nachfolger bestimmt, und derjenige, der schließlich die Kaiserwürde erhielt, war nicht Flavius Anicius Olybrius, sondern Justin, ein schon älterer, ungebildeter Soldat der Palastwache, der als Bauernsohn in Illyrien zur Welt gekommen war. Schon zuvor hatte Areobindus die Erwartungen seiner Frau Anicia Juliana nicht erfüllt: Er entfloh, als ihm im Jahr 512 während eines Volksaufstands der Thron angeboten wurde. Jetzt im Jahr 518 war die Thronbesteigung Justins I. zweifellos der Tropfen, der das Faß zum Überlaufen brachte: Anicia Juliana, Aristokratin durch und durch, in vierter Generation von königlichem Geblüt, verlor die Geduld. Von Areobindus, der vermutlich gestorben war, hören wir nichts mehr. Sie aber fühlte sich verpflichtet, die königliche Vergangenheit und Zukunft ihrer Familie sichtbar unter Beweis zu stellen, und dieses dynastische Denkmal schuf sie in Form der Polyeuktoskirche. Der Fehdehandschuh, den sie Justin hingeworfen hatte, wurde von seinem Nachfolger Justinian aufgenommen.

Sämtliche Zeugnisse erweisen die Großartigkeit der Kirche, die Anicia Juliana ihrem Palast hinzufügte. In dem Gedicht (Zeile 48) heißt es, sie habe Salomon übertroffen, und es ist bemerkenswert, daß Justinian bei der Weihe der Hagia Sophia im Jahr 537 ausgerufen haben soll: „Salomon, ich habe dich besiegt!"[13]

Zehn Jahre lang war die Polyeuktoskirche die größte und prächtigste Kirche in der Stadt gewesen, und der Gedanke liegt nahe, daß Justinians Bemerkung über Salomon und dessen Tempel in Jerusalem nicht nur ein Gemeinplatz war, sondern versteckt auf seinen Triumph über die bisherige Rivalin anspielte.

Einer Geschichte zufolge, die Gregor von Tours im 6. Jahrhundert erzählte, bat Justinian bei seiner Thronbesteigung Anicia Juliana um eine Stiftung für den Staatsschatz.[14] Sie willigte vorgeblich ein, verlangte etwas

31. Ein Pfauenbogen vom Hauptgesims mit einem Teil der Zeile 30 des Gedichts.

32 (nächste Seite). Porträt der Prinzessin Anicia Juliana, zwischen Personifizierungen der Großmut (Megalopsychia) und Klugheit (Sophrosyne) thronend. Detail vom Frontispiz in dem berühmten medizinischen Werk des Dioskorides, das ihr um 512 gewidmet wurde und sich heute in Wien befindet (Nationalbibliothek, Cod. Vind. Med. gr. 1).

33 (übernächste Seite). Marmorbüste einer Frau, in Istanbul aufgefunden, heute im Metropolitan Museum, New York. Die Büste wurde auf stilistischer Grundlage in das erste Viertel des 6. Jahrhunderts datiert und könnte Anicia Juliana darstellen.

33

Zeit, um ihre Schätze zusammenzusammeln, und gebot inzwischen ihren Handwerkern heimlich, all ihr Gold zu Plättchen zu hämmern und diese auf dem Dach der Polyeuktoskirche anzubringen. Als die festgesetzte Zeit kam, begab sich Justinian unmittelbar in ihren Palast in der Erwartung, mit einem ansehnlichen Geschenk zurückzukehren. Sie nahm seinen Arm (denn sie war schon alt) und führte ihn in die Kirche, wo sie ihn nach einem kniend verrichteten Gebet aufforderte, hinaufzuschauen, ihren Schatz zu betrachten und davon zu nehmen, was er wolle. Er geriet in Verwirrung, doch sie zog einen mit einem sehr großen Smaragd geschmückten Ring vom Finger und reichte ihn ihm mit den Worten: „Empfange, allerheiligster Kaiser, diese kleine Gabe von meiner Hand, denn ihr Wert wird höher geschätzt als dieses Gold." Er nahm den Ring entgegen, bedankte sich und kehrte zu seinem Palast zurück.

Wenn die Geschichte nicht wahr ist, so ist sie doch gut erfunden. Die Gegenüberstellung der betagten, wohlhabenden, kultivierten Aristokratin mit dem neuen Kaiser, der dabei das Gesicht verlor, wirkt wie eine gestellte Szene und vermag durchaus einen zweifellos tatsächlich bestehenden Gegensatz zu verdeutlichen. Vielleicht darf die Geschichte sogar wörtlich aufgefaßt werden. Im Jahr 527 war Anicia Juliana eine alte Dame, deren Mann und Sohn sie in ihren Hoffnungen getrogen hatten und die sich vielleicht bewußt war, daß sie nicht mehr lange zu leben hatte (sie starb auch wirklich im darauffolgenden Jahr). Der ungebildete Justin, an dem sie am meisten Anstoß genommen hatte, war tot, und es ist denkbar, daß sie sich nunmehr entschlossen hatte, die Nachfolge Justinians als vollendete Tatsache hinzunehmen und sogar zu bestätigen. Welche Bedeutung haben der Ring und ihre seltsamen Worte? War es der Ring ihres Vaters aus der Zeit seines Kaisertums? Augustus hatte, als er sterben zu müssen glaubte, seinen Ring dem von ihm erwählten Nachfolger übergeben; später hatte Hadrian eine ähnliche Handlung vollzogen. Vielleicht war die Schenkung des Rings in der Kirche keine höhnische Abfuhr, wie man zuerst meinen könnte, sondern die förmliche Übertragung der königlichen Autorität auf Justinian als den anerkannten Nachfolger.

Wie dem auch sei – es war jedenfalls sofort klar, daß die Erforschung der mit Sicherheit auf die drei Jahre vor Justinians Thronbesteigung zu datierenden und offenkundig großen, prachtvoll ausgestatteten Kirche ein wichtiges und in Anbetracht der am Fundort geplanten Baumaßnahmen auch sehr dringendes Unternehmen war.

34. Teil des Hauptgesimses der Polyeuktoskirche, Nische mit Zeile 31 des Gedichts, bei der Entdeckung im April 1960. Der Schmuck mit Pfau und geschwungenen Reben ist verschwenderisch und sehr exakt ausgeführt. Aufgrund der Inschrift konnte das Fundstück als Teil der untergegangenen Polyeuktoskirche identifiziert werden.

35. Blick über die Ausgrabungsstätte von der Nordwestecke zum Atrium.

II. Ausgrabung, Struktur und Chronologie

Die Fundstelle in dem Stadtbezirk Saraçhane befand sich in nicht überbautem Gelände in öffentlichen Parkanlagen im südwestlichen Quadranten einer belebten Straßenkreuzung, die mit einer Unterführung versehen werden sollte. Im Jahr 1964, als die Arbeit an der Unterführung schon begonnen hatte, erteilte das türkische Amt für Altertümer die Genehmigung zur gemeinsamen Ausgrabung an das Archäologische Museum Istanbul und Dumbarton Oaks, und am 4. August 1964 erfolgte der erste Spatenstich.

Es waren sechs Grabungsperioden; die erste und letzte beanspruchten einen Monat, die anderen dauerten drei Monate. Nach der ersten Grabungsperiode gehörten zum Leitungsstab regelmäßig türkische Studenten sowie Museums- und Universitätsassistenten. Fast alle Arbeiter kamen aus dem Dorf Tokat im Inneren der Türkei; sie hatten die Gewohnheit, vor der Ernte in Istanbul Arbeit zu suchen.

Wir arbeiteten von 7.30 bis 16.30 Uhr an sechs Tagen in der Woche, und die Monate, die wir am Grabungsort verbrachten, waren in mancher Beziehung geradezu zauberhaft. In jeder Grabungsperiode, ja fast jeden Tag stießen wir auf wichtiges Material. Nezih Bey kam täglich morgens eine oder zwei Stunden zu uns, ehe sein Dienst im Museum begann, und kam meistens nachmittags noch einmal; in steigendem Maß opferte er auch seine Abende und Sonntage, um uns zu helfen. Er besaß unvergleichliche archäologische Kenntnisse von Istanbul, und seine Fragen, sein Rat, seine Hilfe und Ermutigung waren für uns ein ständiger Ansporn. Wir erlebten auch außergewöhnliche Ereignisse: Eines Nachmittags im August 1964 wurde die Olympische Flamme auf dem Weg nach Tokio über die Grabungsstätte getragen; an einem Morgen im Jahr 1967 erfaßte ein Bulldozer mit seiner Raupe versehentlich die Stromkabel, die halb Istanbul mit Elektrizität versorgten, und in jedem August rauschten Störche zu Zehntausenden auf ihrem Flug von Thrakien nach Anatolien über uns hinweg. Dies waren jedoch Ausnahmen; ansonsten ging die Ausgrabung bemerkenswert ungestört vor sich, obwohl sie im Stadtzentrum stattfand.

Als wir anfingen, waren die Vorbereitungen für die Unterführung schon getroffen. Die nordsüdliche Hauptstraße auf der Ostseite des Parks (der Atatürk Bulvari) war gesperrt und bis zu einer Tiefe von etwa fünf Metern aufgegraben worden; eine Behelfsstraße für den umgeleiteten Verkehr war diagonal durch das Gelände angelegt worden (Abb. 36). 1960, als die Marmorblöcke entdeckt wurden, war der genaue Fundort nicht notiert worden, und die Vermutungen der Einheimischen unterschieden sich um bis zu 250 Meter. Die erste Aufgabe war es, antikes Mauerwerk zu prüfen, das die Bulldozer an der Westwand des Unterführungseinschnitts freigelegt hatten, die zweite, ein Koordinatennetz über das ganze Gelände zu legen, auf dem wir unsere Proben und Funde eintragen konnten, und die dritte, eine Reihe von Prüfgräben im Park anzulegen. Das Koordinatennetz bestand aus Fünfmeterquadraten, die von Osten nach Westen mit Buchstaben und von Norden nach Süden mit Zahlen gekennzeichnet waren; unsere Gräben waren im allgemeinen 4 × 4 oder 4 × 9 Meter groß mit 1 Meter breiten Abständen dazwischen.

Bei der Unterführungsgrabung waren die östlichen Enden von zwei großen, rechteckigen Bauwerken angeschnitten worden. Das südliche bestand aus einer Reihe von Kammern mit Ziegelwänden, Fliesenböden und Betonfundamenten, das nördliche wies lediglich steinverkleideten Beton auf (Abb. 36). Die drei bis vier Meter hohen Fundamente beider Bauwerke reichten bis etwa fünf Meter unter das heutige Bodenniveau. In dem schmalen Raum dazwischen fanden sich Überreste eines älteren gefliesten Kanals mit intakten

36. Blick im August 1964 von Südosten über den Unterführungseinschnitt, unsere ersten Gräben und die Behelfsstraße. Die kompakte, in die Unterführung ragende Mauer erwies sich später als Fundament der Apsis.

Deckplatten. Der Kanal war durch beide Bauwerke verlaufen, und die unteren Schichten seiner Füllung – Schlamm aus der Zeit, als er noch benutzt wurde – enthielten Scherben von deutlich erkennbarer, polierter roter Tonware, die auf das frühe 6. Jahrhundert datiert wird. Die beiden Bauwerke stammten also aus der richtigen Zeit, ebenso ein drittes in der gleichen Reihe, auf das man in nahen, nördlich gelegenen Gräben stieß und das aus vier gewölbten Räumen bestand; in zwei Räumen waren die originalen Gewölbe noch intakt (Abb. 37). Daß das dritte Bauwerk aus der gleichen Zeit stammte wie das erste, ließ sich aus der Ähnlichkeit der Tonsiegel schließen. Die römischen und frühbyzantinischen Ziegel wurden häufig mit Namens- oder Monogrammsiegeln versehen und können deshalb ziemlich genau datiert werden. Die überwiegende Mehrzahl (70 %) der aus beiden Bauwerken ge-

37. Ein intaktes Kreuzgewölbe in den Unterbauten der nordöstlichen Ecke der Kirche. Das Gewölbe ruht auf einer Nivellierungslage großer Blöcke; für die Ausfugung wurde ein Mörtel mit hohem Anteil an Ziegelbruch verwendet.

38. Das Tonsiegel in Kreuzform gibt das dritte Jahr eines Indiktionszyklus an.

borgenen Siegel verzeichnete das dritte Jahr eines Indiktionszyklus (Abb. 38). Diese Zyklen waren fünfzehnjährige Steuerperioden, die im Jahr 312 eingeführt worden waren, und es wurde allgemein üblich, ein Datum einfach mit einem bestimmten Jahr der laufenden Indiktionsperiode anzugeben. Das dritte Jahr einer solchen Periode begann am 1. September 524 – in demselben Jahr, in dem vermutlich mit dem Bau von Anicia Julianas Kirche begonnen wurde. Weitere Funde, darunter Bruchstücke von Mosaiken, Intarsien, Marmorarbeiten sowie ein riesiges, reich verziertes Pfeilerkapitell (Abb. 23) konnten auf das gleiche Jahr datiert werden, und wir hielten es für durchaus möglich, daß sie zu einer Kirche gehört hatten.

Am Ende der ersten kurzen Grabungsperiode hatte es den Anschein, daß die Kirche entdeckt worden war und daß sie unter dem Park im Westen lag, obwohl noch nicht geklärt war, in welcher Beziehung die drei Bauwerke zueinander und zu der Kirche standen.[15]

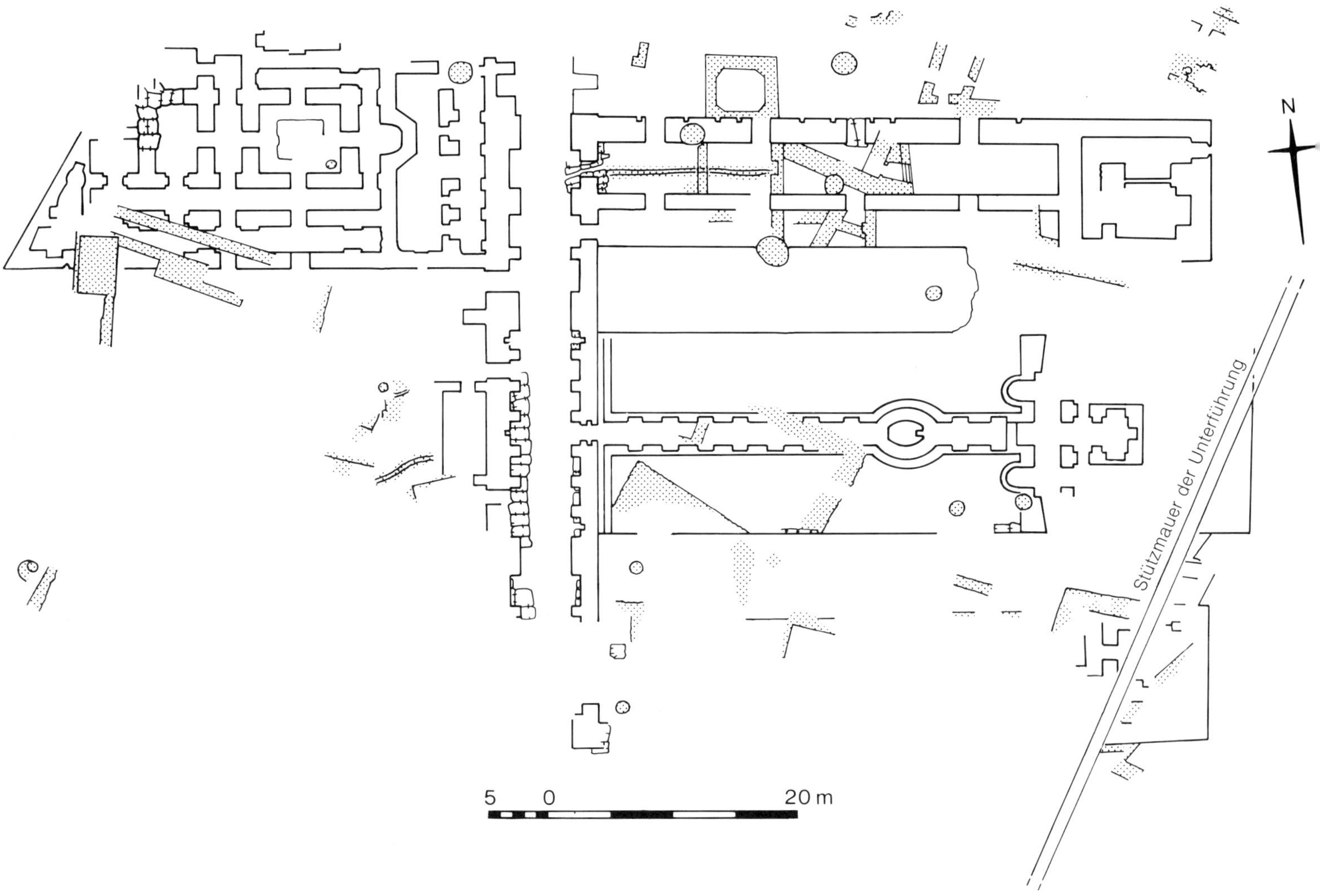

39. Vereinfachter Plan der ausgegrabenen Reste der Kirche.

40. Die Parkanlage 1964 mit der diagonal verlaufenden Behelfsstraße und den ersten Gräben. Blick nach Nordwesten zur Fatih-Moschee (Apostelkirche).

41. Blick auf die Ausgrabung während der zweiten Grabungsperiode 1965.

42. Blick nach Westen während der sechsten und letzten Grabungsperiode 1969.

Die Lösung dieses Problems ergab sich schon früh in der zweiten Grabungsperiode. Er erschien möglich, daß die drei Bauwerke zusammen das östliche Ende der Kirche bildeten und somit die nordöstliche und die südöstliche Ecke der Kirche gefunden war. Auf Grund der Annahme, daß die Kirche rechteckig oder vielleicht quadratisch war, wurde westlich der Behelfsstraße ein Graben angelegt, um, wenn die Kirche quadratisch war, die nordwestliche Ecke zu lokalisieren oder, wenn die Kirche nicht quadratisch war, wenigstens einen Teil der Nordmauer zu finden. Tatsächlich wurde eine Ecke ausgegraben, und die entsprechende südwestliche Ecke wurde rasch in einem ähnlichen Graben im Süden entdeckt. Es war die Kirche, und sie war quadratisch (Abb. 41, 42). Im weiteren Verlauf der zweiten Grabungsperiode wurde gezielt nach Mittelschiff, nördlichem Seitenschiff, Krypta und Narthex gesucht.

Obgleich die Überreste der Kirche nahe an der Oberfläche lagen, gab es drei Hauptschwierigkeiten bei ihrer Ausgrabung. Zum einen befand sich der östliche Teil der Kirche unter einer asphaltierten und betonierten Straße, und wir mußten einen Preßluftbohrer ausleihen, um diese aufzureißen; zudem war das übrige Gelände im Jahr 1960 mit einer bis zu einem Meter starken Schotterschicht aufgefüllt worden, die sich nur mit großer Mühe aufgraben und entfernen ließ. Zum anderen war das Mauerwerk bis zu einer Höhe von etwa fünf Metern über dem antiken Bodenniveau erhalten, was bedeutete, daß unsere Gräben sehr tief sein mußten, besonders für die Prüfung der Fundamente. Zum dritten war der Ort nach dem Einsturz der Kirche offensichtlich anfangs als Steinbruch für Ziegel und Marmor genutzt worden, und vom späten 15. Jahrhundert bis in die jüngste Vergangenheit war er mit türkischen Häusern und einer kleinen Moschee bebaut gewesen. Die Überreste dieser leichten Holzhäuser auf flachen Betonfundamenten bildeten zwar kein Hindernis, doch die Vorratskammern und Abfallgruben drangen überall wie die Löcher in einem Schwamm in die byzantinischen Schichten hinab, so daß die Stratigraphie außerordentlich kompliziert war und die Arbeit oft sehr langsam voranging.

Gegen Ende der dritten Grabungsperiode im Jahr 1966 war die Unterführung fertiggestellt und wurde dem Verkehr übergeben. Die Behelfsstraße hatte ihren Zweck erfüllt und wurde aufgelassen. Die beiden Teile der Ausgrabung konnten endlich innerhalb eines umlaufenden Zauns vereinigt werden (Abb. 42, 45). Wir hatten nun mehr Platz für unsere Arbeit und mieteten zu Anfang der vierten Grabungsperiode einen Bulldozer und Lastwagen für das Aufgraben der Behelfsstraße und den Abtransport des Schutts und des Unterfütterungsschotters. Je weiter die Ausgrabung besonders im westlichen Sektor fortschritt, um so deutlicher traten Gesamtanlage und Charakter der Kirche zutage.

Grob gemessen war die Kirche knapp 52 Meter im Quadrat ohne den Narthex am westlichen Ende und die vorspringende Apsisplattform am öst-

43. Blick von Südosten auf die Ausgrabung kurz nach Beginn der zweiten Grabungsperiode 1965. Die Umrißlinien der Kirche wurden deutlich; die Arbeit konzentrierte sich auf den Bereich des Sanktuariums (im Vordergrund), ehe mit dem Bau einer Umgehungsstraße begonnen wurde.

44. Blick von Südosten auf die Ausgrabung am Ende der zweiten Grabungsperiode 1965. Sichtbar ist das Apsisfundament (in der Stützmauer der Unterführung), die Nordostecke der Kirche (ganz rechts), die zwei Gänge unter dem nördlichen Seitenschiff, der Graben, in dem die Nordwestecke entdeckt wurde (jenseits der Straße), das mächtige Mittelschiffundament und (links im Vordergrund) die Krypta.

5. Blick von Südwesten auf die Ausgrabung am Ende der dritten Grabungsperiode 1966. Die Behelfsstraße quer über die Kirche ist entfernt, eine neue Umgehungsstraße ist über den östlichen Teil des Geländes gebaut. Im Hintergrund der Valensaquädukt (368), die Sulaiman-Moschee (1550–1557) und (mit einem Minarett) die Burmali-Medrese (1550).

6. Blick auf die Ausgrabung am Ende der vierten Grabungsperiode 1967. Besonders deutlich zu erkennen sind das mächtige Mittelschiffundament, die zwei tonnengewölbten Gänge unter dem nördlichen Seitenschiff und das nördliche Ende des Narthex.

lichen Ende. Im Westen lag das Atrium, dessen Marmorpflaster teilweise erhalten ist; nördlich davon befand sich eine Reihe von Gebäuden. Sämtliche Ruinen sind Unterbauten, denn der Fußboden der Kirche war etwa fünf Meter erhöht und wurde bei verschiedenen Einebnungen des Geländes abgetragen. Der Hauptzugang vom Atrium aus war eine große Treppe, von der das Fundament und die unterste Stufe erhalten sind. In Mittelschiff und Seitenschiff unterteilt wurde die Kirche von zwei mächtigen Fundamentmauern, auf denen zweifellos auch die Mittelschiffkolonnaden ruhten (Abb. 48). Zwei parallele Tonnengewölbegänge stützten den Boden des nördlichen Seitenschiffs (Abb. 47, 48); das südliche Seitenschiff war ähnlich konstruiert. Der Fußboden des Mittelschiffs bestand aus einer dicken Marmorsplitterschicht auf einer kompakten Tonunterfütterung – mit Ausnahme der Achse; hier führte ein schmaler Untergeschoßgang vom Narthexunterbau unmittelbar zu einer quadratischen Krypta unter dem Sanktuarium (Abb. 44). Die Krypta war ein kleiner Raum mit Marmorfußboden, auf drei Seiten von einem gefliesten Gang umgeben, und anscheinend führte eine Treppe von dem darüber gelegenen Sanktuarium hinunter (Abb. 53). Genau im Mittelpunkt der Kirche teilte sich der Untergeschoßgang beiderseits eines merkwürdigen elliptischen Betonfundaments, das vermutlich den Ambo (die Kanzel) trug (Abb. 54). An der nordöstlichen und der südöstlichen Ecke des Bauwerks befand sich je ein Raumkomplex mit Tonnen- und Kreuzgewölbe (Abb. 51, 52); der Unterbau des Narthex war in ähnlicher Weise mit einer Kombination von Tonnen- und Kreuzgewölben überdeckt (Abb. 49).

Die rechteckige Apsisplattform war aus steinverkleidetem, kompaktem Beton erbaut; auch die zwei massiven Mittelschiffundamente, je etwa acht Meter dick und tief, bestanden aus steinverkleidetem Beton mit einer Nivellierungslage aus großen Steinblöcken und einer weiteren aus Backsteinen. Die Mauerfundamente aus Rohbeton waren etwa drei Meter in den natürlichen Sandstein eingelassen und von einer Schicht großer Blöcke mit Schwalbenschwanzzinken abgeschlossen. Auf diesen Blöcken wurden die Mauern

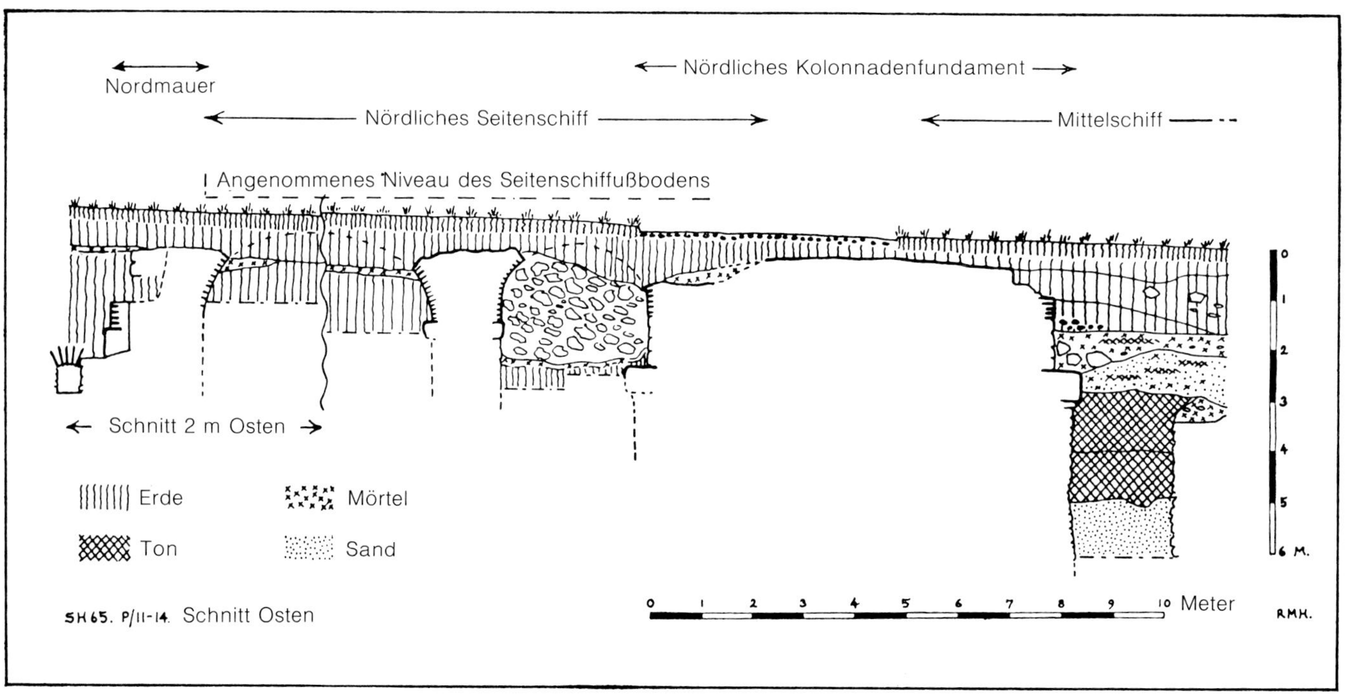

47. Stratigraphischer Schnitt durch das nördliche Seitenschiff nach Osten. Hingewiesen sei auf die Nordmauer und den außen gelegenen Abzugskanal, die zwei tonnengewölbten Gänge, das angenommene Niveau des Seitenschiffußbodens, der über dem heutigen Bodenniveau lag, und die Dicke des massiven Fundaments zwischen Seiten- und Mittelschiff.

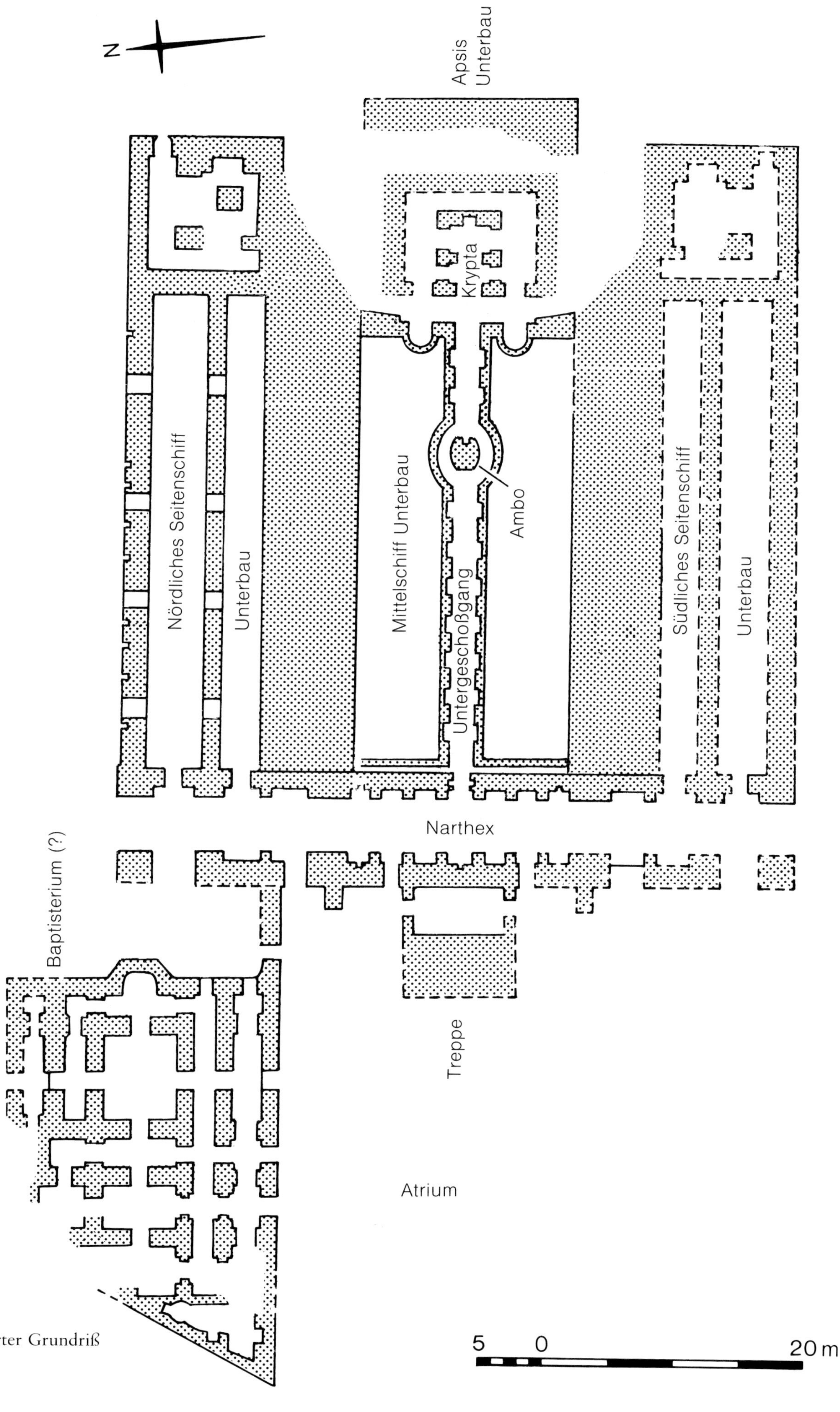

48. Rekonstruierter Grundriß der Kirche.

49. Die Innenseite der Außenmauer de Narthexunterbaus während der Ausgra bung des nördlichen Abschnitts von Südosten. Zwischen zwei Steinlagen befinden sich zehn Zie gellagen; eine dünne gekehlte Marmorlage markiert den Ansatz des Gewölbes. Das Abzugsroh aus Terrakotta ist eines von vier, die im 10. Jahrhundert durch das inzwischen auf dem Fußboden aufgehäufte Material verlegt wurden.

hochgezogen, und zwar aus Beton, der mit regelmäßigen, behauenen, sauber gefugten Steinen verkleidet und mit Ziegelbändern durchsetzt war, oder aus Backsteinen mit Nivellierungslagen aus Stein wie bei der Außenmauer des Narthex (Abb. 49). Die Ziegel haben im allgemeinen eine Größe von 35 × 40 × 4,5 cm; gleich stark sind die Bettungen aus häufig besonders hartem Mörtel mit hohem Anteil an Ziegelstaub. Viele Ziegel weisen ein Siegel auf; die genaue Funktion dieser runden, quadratischen, länglichen oder kreuzförmigen Siegel ist jedoch nicht bekannt. Einige tragen Indiktionszahlen, die, wie schon oben erwähnt, auf ein Datum hinweisen.

Die Mauern der Unterbauten waren gewöhnlich von einer dünnen, gekehlten Marmorlage abgeschlossen, auf der die Tonnen- und Kreuzgewölbe ruhten (Abb. 49). Die Gewölbeziegel sind meist etwas kleiner (und daher leichter) als die Mauerziegel.

Die Unterbauten waren voll mit Trümmern, darunter auch ansehnlichen Marmorstücken, und jegliche Rekonstruktion der Oberbauten, die sich auf den Ausgrabungsgrundriß und das Gedicht aus der *Palatinischen Anthologie* stützt, muß auch diese Funde berücksichtigen (Abb. 48, 169). Nur ein einziger Teil der Oberbauten ist erhalten: ein Pfeiler von etwa 40 Backsteinlagen, der wahrscheinlich aus einem Obergeschoß der Westfassade der Kirche auf das Pflaster des Atriums gestürzt ist (Abb. 50).

Es erwies sich bei den Ausgrabungen, daß das Bauwerk besonders gut mit Abzugskanälen versorgt war (z. B. Abb. 57). Fallrohre in Schlitzen in der Außenseite der Nordmauer der Kirche (Abb. 78) leiteten das Regenwasser vom Dach in einen tiefen, mit Platten abgedeckten Kanal, der an der Außenmauer entlang nach Westen führte und in den kleineren von zwei parallelen, ziegelgewölbten Kanälen mündete. Diese verliefen in südlicher

50. Teil eines in das Atrium gestürzten Obergeschoßpfeilers. Der Karniesblock ist mit einem Muschel- und Kreuzmuster verziert.

51. Der südliche der beiden parallelen tonnengewölbten Gänge unter dem nördlichen Seitenschiff bei der Ausgrabung von Osten. Am westlichen Ende und in der Mitte sind einige Stellen noch nicht ausgegraben. Im Vordergrund kurze Mauerstücke in schräger Ausrichtung aus der Zeit vor der Erbauung der Kirche.

52. Der nördliche Gang unter dem nördlichen Seitenschiff nach Westen. Die Ausgrabung hat das Bodenniveau des 6. Jahrhunderts erreicht; die Mauern, deren Ziegelgewölbe den Seitenschiffußboden etwa fünf Meter über Bodenniveau trugen, sind ungefähr drei Meter in den Untergrund eingelassen. Die massive Fundamentlage gehörte zur Westmauer der Kirche. Vgl. Farbillustration Abb. 64.

53
54

53 (links). Die Krypta unter dem Sanktuarium von Südosten. Ein zentraler Raum war gepflastert und mit Marmor verkleidet, während der Umgang einen gefliesten Boden und verputzte Wände aufwies. Vgl. Farbillustration Abb. 66.

54 (links unten). Das Ambofundament und die Mauer des Gangs unter dem Mittelschiff von Süden.

55 (rechts). Der Gang unter dem Mittelschiff während der Ausgrabung nach Westen. Dort fand man den Block mit einem Teil von Zeile 9 des Inschriftgedichts, den Palmenpfeiler und heruntergefallene Bruchstücke der Inschrift Zeile 16.

56 (unten). Der Gang unter dem Mittelschiff nach Osten mit dem Palmenpfeiler, dem Block mit einem Teil von Zeile 9 und dem Ambofundament.

55

56

Richtung unter dem Fußboden des Narthexunterbaus (Abb. 60–62) und wurden auch von senkrechten Regenwasserrohren in den Innen- und Außenwänden des Narthex (Abb. 58, 59) sowie von zwei konvergierenden Kanälen gespeist, die von den Innenseiten der zwei großen Mittelschiff-fundamente kamen und ebenfalls senkrechte Zuleitungen besessen zu haben scheinen. Die Flußrichtung der Kanäle zeigte, daß die Kirche am Südhang des Hügels erbaut wurde, und der Neigungswinkel der Fallrohre ließ Rückschlüsse auf die Dachform zu.

Im Atrium befinden sich mehrere marmorne Pflasterplatten im Umkreis des gewölbten Fundaments der großen Treppe noch an Ort und Stelle; die unterste Treppenstufe ist teilweise erhalten (Abb. 68). Nördlich und südlich der Treppe führten Zugänge über vier Stufen zum Unterbau des Narthex hinunter (Abb. 67), der über den axialen Untergeschoßgang unmittelbar mit der Krypta verbunden war. Der Gang wurde jedoch schon zu einem ziemlich

57. Der Unterbau des nördlichen Seitenschiffs nach Westen mit einem originalen Abzugskanal.

58 (nächste Seite oben). Die Westmauer der Kirche während der Ausgrabung und das westliche Ende des axialen Gangs, der unter dem Mittelschiff verlief. Der Gang wurde zugemauert; das in das Mauerwerk eingelassene Abflußrohr führte zu einem der gewölbten Kanäle unter dem Narthex. Rechts von der Meßlatte sieht man das mit Balkenlöchern versehene Betonfundament eines ansehnlichen frühtürkischen Gebäudes, wahrscheinlich der Karagöz-Moschee (um 1493).

59 (nächste Seite unten). Detail der inneren Ostmauer des Narthexunterbaus von Westen mit massiver Fundamentlage und Schlitz für ein Abflußrohr. Auf fünf Ziegellagen folgen vier Lagen von sauber behauenen Steinen, danach wieder Ziegel (nicht im Bild).

58

59

60. Der Narthexunterbau während der Ausgrabung von Süden. Die Meßlatte links steht auf Fußbodenebene (hellere Linie), die Meßlatte rechts in einem der beiden großen Kanäle. Das Gewölbe des anderen Kanals erkennt man links.

62. Aufrißzeichnung der Innenmauern des Narthexunterbaus nach Osten.

61. Blick von Norden in den größeren (westlichen) der zwei gewölbten Kanäle, die unter dem Narthexfußboden südlich verlaufen. Sie waren in regelmäßigen Abständen mit abgedeckten Inspektionszugängen versehen. Der Zweck der versetzt angeordneten Konsolenpaare ist nicht bekannt; vielleicht hatten sie irgendeine Funktion bei der Wartung.

frühen Zeitpunkt an beiden Enden mit einer regelmäßigen Ziegelmauer verschlossen (Abb. 63); vielleicht war er durch eine Falltür an der Kanzel noch zugänglich. An der Nordseite des Atriums befand sich ein etwas höherer Komplex von Unterbauten. Dazu gehört das Stützgemäuer eines quadratischen, apsisähnlichen Bauwerks mit einer Art zentraler Basis (Abb. 69, 70). Dies könnte ein Baptisterium gewesen sein, denn die Unterbaugewölbe des zentralen quadratischen Raums liegen tiefer als die des Umgangs, was auf einen Hauptfußboden mit vertiefter Mitte schließen läßt; die Basis wird von dem Hohlschacht in der Mitte des Raums gebildet, der offenbar mit dem Kanalsystem verbunden war. Jedenfalls bestand vermutlich eine direkte Verbindung vom Hauptniveau dieses Bauwerks zum Bodenniveau der Kirche. Die Westmauer des Komplexes steht schiefwinklig zu den anderen Gebäuden; man nimmt an, daß sich hier eine frühere Straße auf anderer Fluchtlinie befand (Abb. 71). Die Westseite des Atriums wurde leider schon in osmanischer Zeit vollständig zerstört, von der Südseite ist auch nichts erhalten. Hätte ein entsprechender südlicher Komplex bestanden, so hätte sich das Atrium über 26 Meter – die Hälfte der Kirche – erstreckt.

So stellt sich die Gebäudestruktur von Anicia Julianas Kirche im wesentlichen dar.

Selbstverständlich hielten wir auch Ausschau nach früheren Besiedlungsspuren und nach Resten des Bauwerks aus dem 5. Jahrhundert, an dessen Stelle die Kirche dem Gedicht zufolge trat. Da die massiven Fundamente der Kirche aber tief in den Sandstein eingelassen sind, war der Bereich, in dem nach früheren Überresten gesucht werden konnte, beschänkt. In tiefen Schichten der Gewölbe des nördlichen Seitenschiffs wurden jedoch mehrere römische Grabsteine aus dem 3. Jahrhundert, darunter der Grabstein eines

63. Innenmauer des Narthex von Westen mit dem sorgfältig zugemauerten Untergeschoßgang.

64. Der nördliche Gang unter dem nördlichen Seitenschiff nach Westen, ausgegraben bis auf das Bodenniveau des 6. Jahrhunderts.

65. Die Innenseite der Westmauer des Narthex von Nordosten.
Die breite Fundamentschicht verläuft bündig mit dem Narthexfußboden.

66. Ansicht der Krypta nach Nordwesten.

67. Nördliche Treppe vom Atrium in den Narthexunterbau.

68. Unterbau der Treppe vom Atrium zum Hauptportal der Kirche von Norden. Mehrere Platten des originalen Pflasters aus weißem proconnesischem Marmor sind erhalten.

69. Blick auf die Unterbauten nördlich des Atriums von Süden. Die Marmorfundstücke im Vordergrund rechts liegen auf dem Niveau des Atriumpflasters.

70.

70. Unterbauten des quadratischen, apsisähnlichen Bauwerks (Baptisterium?) nördlich des Atriums von Süden. Im 11. Jahrhundert wurden einige Durchlässe und Gänge zugemauert und die Wände mit Gips verputzt; der Komplex wurde zu einer Zisterne umgebaut.

71. Das westliche Ende der Unterbauten nördlich des Atriums von Südwesten. Merkwürdig ist der spitze Winkel, der wahrscheinlich auf eine frühere Baulinie oder Straße hindeutet. In die Mauer eingelassen ist ein Fallrohr für Regenwasser.

72. Grabstein eines Gladiators, 3. Jahrhundert, von dem römischen Friedhof, der sich in dieser Gegend außerhalb der Mauern der vorkonstantinischen Stadt befand. Höhe 0,50 Meter.

Gladiators (Abb. 72), gefunden, die Beweis dafür sind, daß sich hier in vorkonstantinischer Zeit, als dieses Gebiet weit außerhalb der Stadt lag, ein Friedhof befand. Sehr kurze Mauerstücke wurden unter dem Mittelschiff und dem nördlichen Seitenschiff sowie in großer Tiefe knapp außerhalb der Nordostecke der Kirche entdeckt, und zwar alle auf einer anderen Fluchtlinie als der der Kirche (Abb. 51). Die Fragmente konnten jedoch weder miteinander in Beziehung gebracht noch genau datiert werden. Erheblich größer waren die Fundamente zweier paralleler Ost-West-Mauern unter der Nordseite des Atriums, die von einem ziegelgewölbten Nord-Süd-Kanal durchschnitten wurden; dieser verläuft auch unter der Atriumpflasterung und wird für zeitgleich mit der Kirche gehalten. Beide Mauern, die genau auf der Fluchtlinie der Kirche liegen, wurden mit Ablagerungen aus dem 5. Jahrhundert in Zusammenhang gebracht; offenbar waren sie Teil eines großen Bauwerks, das zwar die Ausrichtung der Kirche bestimmte, aber ganz oder teilweise für den Kirchenbau abgerissen werden mußte. Dieses Bauwerk könnte Teil des Palastes gewesen sein, an den die Kirche angebaut wurde und der wahrscheinlich auf dieser nördlichen Seite lag. Es gibt keinen Beweis dafür, daß irgendeine dieser älteren Mauern dem im Gedicht erwähnten Vorläuferbau der Polyeuktoskirche aus dem 5. Jahrhundert angehört hätte.

Das – wie heute – von Norden nach Süden geneigte Baugelände wurde vor dem Bau der Kirche eingeebnet und mit einer dicken schwarzen Tonschicht versehen (Abb. 47). Die Fundamente von Anicia Julianas Kirche wurden durch diese Schicht in den darunter liegenden Sandstein eingelassen. Tonwaren, die mit dem Bau in Verbindung gebracht werden, stammen aus dem Füllmaterial eines von der Apsis durchschnittenen Kanals, aus dem Mittelschiffboden, aus der Unterfütterung der Atriumpflasterung, aus dem Mörtel des ins Atrium gestürzten Pfeilers und aus dem Mörtel der Nordmauer des Atriums. In diesen Schichten wurde zwar nur eine Münze gefunden (ein abgegriffenes Stück wahrscheinlich von Justin I.), doch in anderen frühen Schichten traten Münzen von Justin I. (518–527) im allgemeinen häufig auf, was auf eine besondere Aktivität zu jener Zeit schließen läßt (Abb. 73). Bei den Tonsiegeln (Abb. 74) ergab die Analyse anhand der bekannten Indiktionszyklen eine Gruppe mit der Angabe drittes und viertes Jahr und eine weitere Gruppe mit der Angabe zwölftes und dreizehntes Jahr; der letzteren Gruppe gehörten sämtliche Siegel auf den leichten Ziegeln an, die dem Oberbau zugeordnet werden. Die Jahre 524/525 und 525/526 waren das dritte und vierte Jahr eines Indiktionszyklus; sie entsprechen genau der mutmaßlichen Zeit der Erbauung der Kirche. Daß keine Siegel des fünften Jahres vorhanden sind, würde lediglich bedeuten, daß der Bau in etwa zwei Jahren fertiggestellt wurde und daß die Arbeit sich nunmehr auf die Innenausstattung und Dekoration konzentrierte. Die andere Gruppe von Siegeln bezieht sich vermutlich auf die Jahre 518/519 und 519/520 und stammt von einem älteren, für die Oberbauten verwendeten Ziegelvorrat; eine weniger wahrscheinliche Hypothese besagt, daß diese Siegel auf größere Reparaturarbeiten an der Kirche (infolge eines Einsturzes der Kuppel?) nach Anicia Julianas Tod hindeuten.

73. Bronzemünze von Justin I.

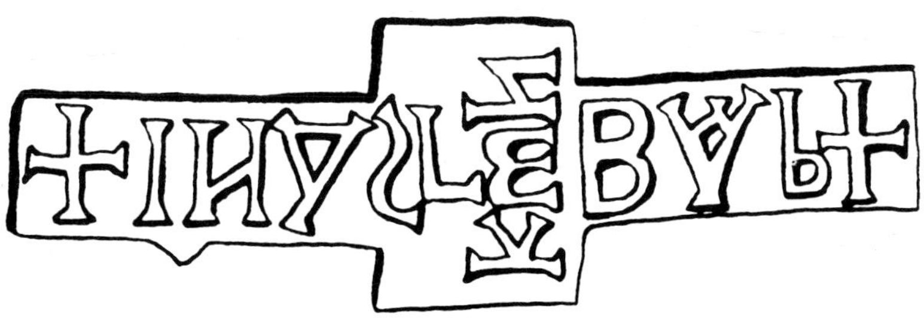

74. Zwei runde Monogrammsiegel und ein kreuzförmiges Tonsiegel verweisen auf ein drittes Jahr (wahrscheinlich 524–525).

Es finden sich jedoch kaum Hinweise auf bauliche Veränderungen oder Reparaturen. Die erste erkennbare Maßnahme war, daß der axiale Untergeschoßgang an beiden Enden sorgfältig zugemauert wurde. Daß Narthex und Krypta zugänglich blieben, läßt sich aus der sorgfältigen Oberflächenbehandlung der Blockierungsmauern schließen (Abb. 63). Eine Reihe von Kleinablagerungen besonders auf Fußbodenniveau im westlichen Abschnitt des Unterbaus unter dem nördlichen Seitenschiff zeugt von einer Nutzung der Unterbauten in der zweiten Hälfte des 6. oder im frühen 7. Jahrhundert. Um die Mitte des 7. Jahrhunderts waren diese Niveaus bereits von einer dicken Müll- und Abfallschicht bedeckt, und vom 8. bis 10. Jahrhundert kamen erhebliche Schuttmengen hinzu. Ob der Bau weiterhin als Kirche genutzt wurde, weiß man nicht, obwohl er im frühen 10. Jahrhundert auf dem Osterprozessionsweg des Kaisers lag, wie das *Zeremonienbuch*[16], eine von Konstantin VII. zusammengestellte Liste der Amtspflichten von Kaisern,

75 (gegenüberliegende Seite). Die in die Unterbauten nördlich des Atriums eingebaute Zisterne von Südwesten. Der Bogen liegt in der Außenmauer des Narthex. Im 11. Jahrhundert wurde der Durchlaß zugemauert, Pfeiler und Pilaster wurden als Stützen für das Gewölbe über diesem Teil der Zisterne eingezogen.

76. Der nördliche Teil des Atriums während der Ausgrabung von Nordwesten. Die Meßlatte links lehnt am Unterbau der großen Treppe und steht auf den Resten des Marmorpflasters aus dem 6. Jahrhundert, das im 12. Jahrhundert aufgerissen und anderweitig verwendet wurde. Ein Teil der untersten Treppenstufe befindet sich noch an Ort und Stelle. Jenseits der Meßlatte rechts eine Reihe aufeinanderfolgender Gräber aus dem 12. Jahrhundert und quer darüber die Reste eines Ziegelpfeilers, der vom Oberbau der Kirche herabstürzte.

berichtet. Aus einer Randbemerkung in der *Palatinischen Anthologie* wissen wir, daß das Kircheninnere dem Verfasser dieser Handschrift um das Ende des 10. Jahrhunderts zugänglich war.[17]

Beträchtliche Schuttmengen sammelten sich im späten 10. und im 11. Jahrhundert über der Atriumpflasterung, in dem gewölbten Raum unter der Treppe und über früheren Ablagerungen im Narthex. Die Kompaktheit dieser Schicht und der hohe Anteil an Tonscherben, Tierknochen und verkohlten Resten deuten auf eine zeitweilige Siedlung im Atrium und seinem Umkreis hin. Im 12. Jahrhundert wurde der Unterbautenkomplex nördlich des Atriums in eine Zisterne umgewandelt (Abb. 75). Aus den Fundamenten unter dem nördlichen Teil des Atriums wurden – wahrscheinlich für den Bau der Zisterne – Steine herausgebrochen. Das Atrium wurde nun ein Friedhof, der anscheinend längere Zeit benutzt wurde; einige ältere Gräber sind von jüngeren angeschnitten (Abb. 76, 77). Um das frühe 13. Jahrhundert lag die Kirche in Trümmern.

77. Nahaufnahme der Gräber von Abb. 76 nach Osten.

78. Ein Graben an der Außenseite der Nordmauer der Kirche von Norden. Die Mauer besteht aus Ziegel- und Steinlagen im Wechsel; in einem Schlitz verlief ein Abflußrohr, das zu einem großen, mit Steinplatten abgedeckten Kanal führte. Im Vordergrund eine große, aus Stein gemauerte Grube türkischer Herkunft.

79. Die Reste eines Unterbaus für eine Treppe im Atrium.

80

81

III. Ausschmückung

Für den Bau und die Zier ihrer Kirche, dergleichen noch nie gesehen worden war, scheute Anicia Juliana keine Kosten. Als die Bauleute mit dem Rohbau der Kirche fertig waren, überließen sie ihre Arbeitsplätze auf den Gerüsten den Bildhauern, Mosaizisten, Fliesenlegern und Einlegekünstlern. Dieser Übergang, der die letzte Bauphase einleitete, fand wahrscheinlich im Jahr 526 statt.

Die Innenwände wurden mit Marmor und kunstvollen Intarsien verkleidet, die Gewölbeschwünge wurden mit Mosaiken verziert, die marmornen Pfeiler, Kapitelle und Gesimse wurden mit Skulpturen in phantastischer Vielfalt geschmückt. Sobald dann der Wald von Gerüsten abgeschlagen war, legte man den Boden und stattete Mittelschiff und Altarraum aus.

Teilchen von Wandverkleidungen wurden in ungeheuren Mengen aufgefunden. Zu den Materialien zählten roter Porphyr aus Ägypten, grüner Porphyr vom Peloponnes, ein besonders harter gelber Marmor *(giallo antico)* aus Chemtou in Tunesien, ein grüner Breccia *(verde antico)* aus Thessalien, ein schwarzer, weiß gefleckter Marmor aus den Pyrenäen *(celticum)*, ein grau und weiß gestreifter, purpurner Marmor von Iasus in Karien, verschiedene Arten von cremeweißem und gesprenkeltem weißem Marmor aus Docimium in Phrygien, ein rosafarbener Puddingstein aus Bilecik in Bithynien und natürlich weißer Marmor von Proconnesus in Mengen (Abb. 80, 81).[18]

Proconnesus ist der antike Name für die Insel Marmara im Marmarameer, deren Nordhälfte aus weißem, meist graublau gestreiftem Marmor besteht. Der Marmor wurde schon früh im Altertum gebrochen, und im Römischen Reich wurde Proconnesus später ein Hauptlieferant nicht nur für die Umgegend, Byzanz und seinen Nachfolger Konstantinopel eingeschlossen, sondern auch für die Städte am Schwarzen Meer, in der Levante,

80. Bruchstücke von Marmorverkleidungen. Von oben links im Uhrzeigersinn: Roter Porphyr aus Ägypten, grüner Porphyr aus Lakonien (Südgriechenland), gelber Marmor (giallo antico) aus Numidien (Algerien), grüner Breccia (verde antico) aus Thessalien (Nordgriechenland).

81. Bruchstücke von Marmorverkleidungen. Von oben links im Uhrzeigersinn: proconnesischer Marmor, gefleckter Marmor aus den Pyrenäen (celticum), Marmor von Iasus im südwestlichen Kleinasien, Puddingstein aus Bilecik in Bithynien, gesprenkelter Marmor und weißer Marmor aus Docimium in Phrygien.

in Tripolitanien und Italien. Der proconnesische Marmor ist gröber als der Docimium-Marmor und billiger als der exotische farbige Marmor und wurde für die schmalen, teils schmucklosen, teils mit Perlstab- oder Mäanderornamenten verzierten Leisten verwendet, die den Rahmen für die Verkleidungsplatten bildeten. Er war das wichtigste Material für bauliche Elemente und Marmorausstattungen der Kirche.

Es fanden sich auch kunstvolle Paneele mit schönen Intarsien, die mit einem Klebemittel (wahrscheinlich Bitumen) auf Schiefer gearbeitet waren. Gezackte Blätter aus Perlmutter, gelbe Glasstreifen mit Goldfolie und eine Fülle gerader und geschwungener, blaßgrüner und dunkelblauer Opakglasteile wurden in vorbereiteten Paneelen mit kleinen, sorgfältig polierten Marmorformstücken, vor allem rotem und grünem Porphyr und *giallo antico*, zu Mustern angeordnet. Sie sind vergleichbar mit den Paneelen in der Hagia Sophia in Istanbul, in San Vitale in Ravenna und in der Euphrasiusbasilika in Poreč (Parenzo).

Im Altarbereich wurden sechs Säulenfragmente mit Einlegearbeiten gefunden; an zweien davon hafteten noch Intarsien (Abb. 82, 83, 94). Amethystquadrate sind von Dreiecken und Trapezen aus grünem Opakglas umrahmt, die Sechsecke bilden; außerhalb der Sechsecke befinden sich gekantete Amethystquadrate, die diagonalen Rinnen sind mit Streifen von Goldglas ausgelegt. Der Durchmesser der Säulen schwankt zwischen 35 und 41 Zentimetern. Man nimmt an, daß die Säulen einst das Ziborium, den Altarbaldachin, trugen.

In den ausgegrabenen Trümmern der Kirche fand sich eine Fülle von Mosaiken in kleinen Stuckfragmenten, die von der Apsis und anderen Gewölben heruntergefallen waren. Die Mosaiksteinchen sind hauptsächlich aus

82. Der obere Teil einer Intarsiensäule am Fundort im Bereich des Sanktuariums. Die Intarsien bestehen aus grünem Glas, Goldglas und Amethyst. Es handelt sich wahrscheinlich um eine von vier Säulen, die einen Baldachin über dem Altar trugen.

83. Teil einer Intarsiensäule; die Glasintarsien sind verloren.

Glas, gelegentlich aus Marmor, Kalkstein und Terrakotta (Abb. 92, 93). Von den mehreren tausend geborgenen Fragmenten konnten nur 35 einem Figurenschmuck zugeordnet werden. Einige wenige könnten von Gewändern stammen, aber die überwältigende Mehrzahl war entweder schmucklos oder wies einfache Muster (Kreis, Dreieck, Bogen usw.) auf. Es wurde deutlich, daß abstrakte Ornamente vorherrschten; Dunkelblau und Dunkelgrün waren die am häufigsten vertretenen Farben. Die Figurenfragmente stammten mit einer einzigen Ausnahme aus dem Bereich der Apsis, wo auch eine große

84. Daß Marmorabfälle zur Unterfütterung des Mittelschiffußbodens mitverwendet wurden, ist ein Beweis dafür, daß die Marmorverzierungen an Ort und Stelle geschaffen wurden. (Länge des größten Stücks 0,09 Meter.)

Menge von Goldgrundbruchstücken gefunden wurde. Offenbar bestand das Apsismosaik aus Figuren auf goldenem Grund; ein Fragment zeigt den unteren Teil eines Gesichts mit Halsansatz, bärtiger Wange, Kinn und Mund, kleiner als Lebensgröße (Abb. 93). Der Goldgrund hat Parallelen aus dem 6. Jahrhundert im Katharinenkloster auf dem Sinai, in der Panagia Kanakaria auf Zypern, in San Vitale in Ravenna und in der Georgskirche in Thessalonike, falls deren Mosaiken aus jener Zeit stammen.

Auch Teile vom Fußbodenmosaik aus dem Mittelschiff wurden aufgefunden. Das Mosaik in geradlinigem geometrischem Muster bestand aus weißem Marmor von Proconnesus, gelbem Marmor aus Numidien, grünem Marmor aus Thessalien und schwarzem Marmor von den Pyrenäen. Die Mosaiksteinchen waren in Gips eingebettet; darunter befand sich eine dicke Splitterschicht von Maurerabfällen. Das Mittelschiff war teilweise (in seinem südöstlichen Abschnitt) mit geometrischen Mosaiken gepflastert; da die Splitterschicht das ganze Mittelschiff bedeckte, liegt der Schluß nahe, daß sich das Mosaik ebenfalls über den ganzen Bereich erstreckte.

Die Stratigraphie läßt erkennen, daß das Gewölbemosaik aus der Erbauungszeit der Kirche stammt. Die Entstehung im 6. Jahrhundert verleiht ihm besondere Bedeutung angesichts der fast vollständigen Zerstörung der Figurenmosaiken in Konstantinopel zur Zeit des Bildersturms im 8. Jahrhundert. Es ist das erste Figurenmosaik in einem Gewölbe des 6. Jahrhunderts, das in Konstantinopel entdeckt wurde.

Wandverkleidungen, Intarsien und Mosaiken waren in einer Kirche aus jener Zeit in Konstantinopel zu erwarten. Völlig überraschend war jedoch die architektonische Skulptur in ihrer Beschaffenheit, ihrer erstaunlichen Neuheit, Vielfalt, Fülle und technischen Qualität. Ebenso bemerkenswert ist, daß sie so weit verstreut wurde. Die verlassene Kirche wurde während des vierten Kreuzzugs vom Frankenheer geplündert, das im Jahr 1204 von seiner vorgegebenen Aufgabe abwich und Konstantinopel belagerte; bedeutende Reliefs fanden danach den Weg in den Westen – nach Venedig, Barcelona, Aquileia und sogar Wien (vgl. Abb. 111, 118, 128, 129).

Mit ganz wenigen Ausnahmen wurde proconnesischer Marmor verwendet, der meist in grob behauenen Blöcken ankam.[19] Neue Steinbrüche wurden für diesen Zweck in Betrieb genommen, und das Material wurde in unfertigem Zustand transportiert. Die Bearbeitung geschah an Ort und Stelle und im Fall der kunstvolleren Stücke sogar erst, nachdem die Blöcke in ihre endgültige Lage gebracht worden waren. Daß die Arbeit an Ort und Stelle geschah, wird sowohl durch die große Menge von Marmorabfällen (Abb. 84), als auch durch mehrere unvollendete Stücke bewiesen (Abb. 112); daß die Feinarbeit geleistet wurde, wenn der Block schon in seine endgültige Lage gebracht worden war, wird durch den unterschiedlichen Gebrauch des Meißels bewiesen, denn die letzte Ausarbeitung fehlt stellenweise in Ecken, die zu dunkel oder unzugänglich waren (Abb. 85).

85. Detail eines eingelassenen Pilasterkapitells, links die Mauerfuge. Man sieht, daß hier die Verzierung nicht fertiggestellt ist (z. B. das untere Eierstabornament). Dies ist ein Beweis dafür, daß der Bildhauer den Block bearbeitete, als dieser schon an Ort und Stelle war. Die ohnehin kaum sichtbare Kante wäre für das Werkzeug schwer zugänglich gewesen.

In technischer Hinsicht sind die Reliefs von höchstem Rang. Bemerkenswert sind sie sowohl wegen des unterbohrten Gitterwerks als auch wegen der üppigen Pflanzenzier, die praktisch vom Untergrund losgelöst ist, besonders die sorgfältig gehauenen und detailliert gemeißelten Weinblätter. Herausragend sind die prachtvoll modellierten Pfauen, die fast rundplastisch sind. Die Arbeit vermittelt nirgends den Eindruck der zögernden oder mühevollen, sondern vielmehr den der meisterhaften, behenden und selbstsicheren Ausführung. Dies geht vor allem aus Meißelspuren, kleinen Unregelmäßigkeiten und der lebendigen Linie der Gitterstäbe hervor, die nicht exakt geradlinig, sondern geschickt nach Augenmaß gestaltet sind.

Ursprünglich waren die Reliefs bemalt, und Spuren von strahlend blauer Farbe sind bei mehreren Blöcken an geschützten Stellen noch vorhanden. Andere leuchtende Farben und Gold wurden zweifellos ebenfalls verwendet. Wenn man sich die vielfarbigen Verkleidungen, kunstvollen Intarsien, Mosaiken und Metallornamente dazudenkt, kann man sich die einstige überwältigende Farbwirkung vorstellen.

Jede Beschreibung der Reliefs muß dem großartigen Hauptgesims die erste Stelle einräumen. Es flankierte das Mittelschiff und trug die ersten 41 Hexameterzeilen des Widmungsgedichts, das in der *Palatinischen Anthologie* auf uns gekommen ist. Bruchstücke von Nischen, Bogen und Ecksteinen wurden aufgefunden, jeweils mit Buchstaben, so daß man sie spezifischen Teilen des Gedichts zuordnen konnte. Über der Inschrift aus erhabenen, 11 cm hohen Buchstaben findet sich ein verschlungenes Weinrankenwerk mit außerordentlich naturalistischen Details. Jedes Blatt hat er-

86. Eine Pfauennische vom Hauptgesims mit einem Teil der Zeile 31 des Gedichts (vgl. Abb. 34). (Höhe 1,44 Meter, Breite des Fundstücks 2,26 Meter, restauriert 2,75 Meter.)

87. Eine Pfauennische vom Hauptgesims mit einem Teil der Zeile 32 des Gedichts. (Höhe 1,435 Meter, Breite 1,15 Meter.)

88. Eine Pfauennische vom Hauptgesims mit einem Teil der Zeile 30 des Gedichts. (Höhe 1,44 Meter, Breite des Fundstücks 1,494 Meter, restauriert 2,80 Meter.) Vgl. Farbillustration Abb. 31.

89. Ein Pfauenbogen vom Hauptgesims mit einem Teil der Zeile 25 des Gedichts. (Höhe 0,765 Meter.)

90. Das rechte Auge eines Pfaus mit Kammansatz. Die Pupille bestand wahrscheinlich aus durchscheinendem grünem Glas. (Länge 0,133 Meter.)

91. Der Körper eines Pfaus, abgebrochen von einem Bogen oder einer Nische des Hauptgesimses. (Länge 0,52 Meter.)

habene Adern, die Blattränder sind in einem Winkel von etwa 45° sorgfältig unterbohrt, einige Blätter verschmelzen mit dem Hintergrund, was die dreidimensionale Wirkung verstärkt. Jede Nische war von einem frontal dargestellten, großen, radschlagenden Pfau mit rundplastischem Körper geschmückt. Die Laibung jedes Bogens wies zwei einander zugewandte Pfauen auf, deren Schwanzfedern sich am Scheitelpunkt des Bogens fast berührten und deren Köpfe eng beieinander standen, Schnabel an Schnabel oder Gesicht an Gesicht. Wir fanden zwei Stücke von Klauen, die einen kleinen, runden, am Bogenanfang vorspringenden Zapfen umklammerten, und mehrere Körper, Hälse und Kopfbruchstücke (Abb. 90, 91); beim Scheitelpunkt des Bogens ist die Bruchstelle des Pfauenkamms, wo er die Federn berührte, sichtbar.

Die Zeilen des Widmungsgedichts sind eine hervorragende Richtschnur. Eines der Bruckstücke, die 1960 durch den Bulldozer freigelegt worden waren, war eine Nische mit Zeile 31 des Gedichts (Abb. 86). Später wurden bei den Ausgrabungen zwei Bogen mit den Zeilen 30 und 32 gefunden (Abb. 87, 88). Die drei Blöcke – Bogen, Nische, Bogen – waren also aneinanderzureihen. Zudem wiesen die Stirnseiten der Blöcke leicht konkave Flächen auf. Zusammen bildeten sie den Hauptteil einer offenen, gebogenen Exedra, einer halbrunden Nische mit einem Durchmesser zwischen 6,50 und 7 Metern. Eine weitere Nische (Zeile 16) und ein Bogen (Zeile 25) wurden aufgefunden (Abb. 89, 96, 97). Spuren von strahlend blauer Farbe waren auf dem Untergrund der Inschrift des Bogens mit Zeile 32 noch zu erkennen;

92. Fünf Fragmente des Gewölbemosaiks je mit einer weißen Rosette auf schwarzem oder rotem Grund.

93 (unten links). Figurenmosaik aus dem Bereich der Apsis. Drei zusammenpassende Fragmente ergeben den unteren Teil eines Gesichts mit Halslinie, bärtiger Wange, Kinn, Mund und einem Teil des linken Nasenflügels. Der Mund ist teilweise durch Bemalung angedeutet. Der Maßstab ist ungefähr dreiviertel Lebensgröße. Dieser Fund ist wegen seiner Seltenheit wichtig, denn im 8. Jahrhundert wurden überall die Figurenmosaiken zerstört.

94 (unten rechts). Teil einer Intarsiensäule, die soeben gehoben wird. Viele Intarsien haften noch einigermaßen: Quadrate aus Amethyst, Dreiecke und Trapeze aus grünem Glas und Streifen von Goldglas in den diagonalen Rinnen.

95 (gegenüberliegende Seite). Detail des Nischenbogens von Abb. 88. Der Hintergrund der Inschrift war blau bemalt; andere Farben sind nicht erhalten. Die naturalistische Darstellung der gewundenen Reben ist für jene Zeit erstaunlich.

96. Eine Pfauennische vom Hauptgesims mit einem Teil der Zeile 16 des Gedichts.

97. Teil einer Pfauennische, anschließend an das Fragment Abb. 96 mit Zeile 16 des Gedichts. Die akkuraten Kehlungen an der Unterseite des Stücks lassen darauf schließen, daß der Bogen Säulen oder Pfeiler überspannte.

98. Eckstein vom Hauptgesims mit einem Teil der Zeile 27 des Gedichts. Die aufwärts und abwärts gerichteten Weinblätter auf dieser Seite waren von einem Diagonalgitter umrahmt; die angrenzende Seite (links) war ganz mit gewundenen Reben geschmückt. (Höhe 1,335 Meter, Breite der linken Seite 0,955 Meter, Breite der rechten Seite 0,825 Meter.)

99 (gegenüberliegende Seite). Eckstein vom Hauptgesims mit einem Teil der Zeile 9 des Gedichts. Die eine Seite des Blocks ist mit locker gewundenen Reben geschmückt, während die angrenzende Seite ein strengeres Muster aufwärts und abwärts gerichteter Weinblätter in einem Diagonalgitter aufweist. Die Inschrift wird von einem breiten, niederen Bogen herübergeführt. (Höhe 1,46 Meter.)

diese Farbe war auch auf mehreren sonstigen Reliefstücken erhalten, während keine Spuren anderer Farben entdeckt werden konnten.

Zwei Ecksteine wiesen auf jeweils zwei angrenzenden Flächen Dekorationen auf. Bei dem Stein mit Zeile 27 des Gedichts ist die linke Seite über der Inschrift mit den bekannten verschlungenen Weinranken geschmückt, während die rechte Fläche ein strengeres Muster mit einem unterschnittenen Diagonalgitter aufweist, in dessen Zwischenräumen abwechselnd aufwärts und abwärts gerichtete Weinblätter dargestellt sind (Abb. 98). Bei dem anderen Stein mit Zeile 9 des Gedichts ist die rechte Fläche mit den verschlungenen Weinranken verziert; auf der linken Seite ist von dem Diagonalgitter noch so viel vorhanden, daß man erkennt, wie die Inschrift über einen breiten, tiefen Bogen (oder eine Nische) auf diese Fläche herübergeführt wurde (Abb. 99). Es ist offenkundig, daß in beiden Fällen der Eckstein den Anfang oder Kämpfer einer gebogenen Exedra (verschlungenes Weinrankenwerk) an einer geraden, strengeren Fläche (Gitterwerk) bildete. Anschei-

100. Das rechte Ende eines Karnieses oder einer Überdachung, geschmückt mit runden Monogrammen zwischen den Medaillons und zwei Arten von Palmetten, beide sassanidischer Herkunft. (Länge 2,23 Meter.)

nend besaß das Mittelschiff auf beiden Seiten je drei Exedren; und in diesen sieben Stücken mit Inschriften liegt der Schlüssel für jegliche Rekonstruktion von Anlage und Aufriß der Kirche, wie im folgenden dargelegt wird.

Zu den 1960 durch Zufall entdeckten Marmorblöcken gehörten zwei Arten von Karniesen mit Monogrammen, die man wohl zutreffender als „Überdachungen" von Türen bezeichnen würde. Ein Block der ersten Art wurde während unserer zweiten Grabungsperiode am westlichen Ende des Mittelschiffs neben einer großen Schwelle entdeckt, die vermutlich vom Hauptportal zwischen Narthex und Mittelschiff stammte (Abb. 100, 103). Über zwei schmalen Zierleisten befindet sich eine Reihe runder Monogramme abwechselnd mit Medaillons, die jeweils eine geteilte Palmette mit herabhängenden Granatäpfeln aufweisen. Darüber verläuft eine Leiste stilisierter Pflanzen: Zwei halbrunde Blätter biegen sich einwärts und umschließen ein zentrales, leierförmiges Element unter zwei Reihen von ovalen Körnern.

Die Stücke der zweiten Art von Karniesen bilden zusammen einen riesigen Block von 2,45 Metern Länge; das linke Ende fehlt (Abb. 104, 105). Ein Teil wurde bei der Ausgrabung – ebenfalls im westlichen Teil des Mittelschiffs – gefunden. Das untere Band weist eine einfache Ranke dreiteiliger Blätter auf; darüber befindet sich ein Rundornament mit nierenförmigen Pflanzen (vom Eierstab abgeleitet), die je aus drei Paaren einwärts gebogener, scharf gezackter Blätter bestehen; auf dem Horizontalband wechseln Monogramme in kreisrunden Rahmen mit Medaillons ab, auf denen jeweils eine geteilte Palmette einen stilisierten Baum trägt; die Kranzleiste zeigt ein bizarres, tief unterschnittenes Ornament (Abb. 104, 105): Aus einem kurzen Stiel erheben sich zwei gefiederte Blätter und darüber, ebenfalls rechts und links, zwei Füllhörner; aus diesen sprossen geschwungene Stiele je mit drei Ranken,

101 (unten links). Detail des Karnieses mit Blatt- und Zweigdekor (Abb. 107). In den Fingern der Blätter war noch blaue Farbe zu entdekken.

102 (unten rechts). Kanneliertes Karnies mit einem einfachen wiederkehrenden Motiv, das einem stilisierten Eierstab gleicht. (Höhe 0,12 Meter.)

von denen die eine im Bogen mit der benachbarten Ranke zusammenwächst, während die zweite ein abwärts weisendes, siebenfingriges Blatt zwischen den zwei Füllhörnern hält und die dritte am oberen Rand der Kranzleiste in ein gefiedertes, einwärts gebogenes Blatt ausläuft. Am unteren Rand der Kranzleiste zwischen den Füllhornpaaren verläuft eine Efeuranke mit einem Blatt an jedem Ende und einem dritten, aufwärts weisenden Blatt in der Mitte, unmittelbar unter dem hängenden fünffingrigen Blatt.

Eine dritte Art von Karniesen weist eine Viertelstableiste auf, die teils schmucklos, teils mit Kreuzen und tiefen Muschelschalen im Wechsel verziert ist (Abb. 106). Auf einem Block finden sich Spuren von strahlend blauer Farbe in den Gliedern der intakten Muschel und in der umlaufenden, fast ringförmigen Rille. Daß das Karnies im oberen Geschoß verwendet wurde, geht daraus hervor, daß es an dem ins Atrium gestürzten Obergeschoßpfeiler aufgefunden wurde (Abb. 50).

Ein anderes Karnies oder Kämpfergesims weist ein wiederkehrendes Motiv eines aufrechten, neunblättrigen Zweigs vor oder in einem neunfingrigen „Blatt“ im Wechsel mit einem Zweig von sieben kleinen Blättern auf (Abb. 101, 107). Die Finger des großen „Blatts“ sind ähnlich wie die Rillen einer

103. Detail des Karnieses Abb. 100.

104. Teil eines Karnieses oder einer Überdachung mit Monogrammen. (Länge 1,375 Meter.)

105. Rechtes Ende des Karnieses oder der Überdachung mit Monogrammen Abb. 104.

106. Viertelstabkarnies von einem Obergeschoß, verziert mit einem Motiv von Muschel und Kreuz im Wechsel. Blaue Farbspuren fanden sich in der Muschel. (Länge 0,57 Meter.)

107. Karnies mit Blatt- und Zweigdekor. Die siebenblättrigen Zweige wechseln mit neunfingrigen Blättern ab, die jeweils einen neunblättrigen Zweig umschließen. (Höhe 0,26 Meter, Länge 1,335 Meter, Breite 1,05 Meter.)

108. Korbkapitell mit dem charakteristischen Motiv der geteilten Palmette, eingerahmt von unterschnittenem Flechtwerk. (Höhe 0,695 Meter.) Vgl. Farbillustration Abb. 124.

Muschelschale tief ausgehöhlt und besitzen Spuren von strahlend blauer Bemalung. Unter den übrigen Friesen entdeckten wir einen mit einem zwischen Lotos und Palmette abwechselnden Ornament und einen anderen mit einem Ornament, das einem stilisierten Eierstab gleicht (Abb. 102).

Die Säulen waren mit mindestens vier Arten von Korbkapitellen geschmückt. Ein Beispiel jeder Art ist in erkennbarem Zustand erhalten, dazu Hunderte von kleinen Bruchstücken, die der einen oder anderen Art zugeordnet werden können.

Das erste ist ein Korbkapitell mit unterschnittenem Flechtwerk als Rahmen für eine trapezförmige Fläche auf jeder Seite (Abb. 108). Jede Fläche ist mit einer geteilten Palmette geschmückt, die aus einem aufrechten, dreiteiligen Ornament zwischen zwei geschwungenen, aus einem T-förmigen Stamm wachsenden Blättern besteht. Von dem Stamm gehen dazuhin rechts und links zwei Wellenlinien aus, die in einem annähernd rechteckigen Element enden. Dieses Motiv, das wahrscheinlich hier erstmals angewandt wurde, fand im 6. Jahrhundert weite Verbreitung; man sieht es beispielsweise in Ravenna, Poreč und Warna.[20] Das unterbohrte, vom Untergrund abgelöste Flechtwerk war mit peinlicher Sorgfalt ausgeführt; leider sind große Teile abgebrochen. Drei ähnliche Kapitelle derselben Serie sind in die Fassade von San Marco in Venedig eingebaut; sie wurden im Jahr 1204 oder

109. Fragment eines Korbkapitells mit einer Vase in der Mitte jeder Seite und zwei symmetrisch daraus hervorwachsenden Weinstöcken. (Höhe 0,485 Meter.)

bald danach von Kreuzfahrern des vierten Kreuzzugs aus den Ruinen der Polyeuktoskirche mitgenommen, zusammen mit vielem anderem (Abb. 125). Ein zweites Korbkapitell ist mit einem Diagonalgitter geschmückt. Jeder Rhombus umrahmt ein Kreuz mit diagonalen Strahlen und in zwei schmalen Spitzen auslaufenden Balken (Abb. 110). Ein großer, rechteckiger Knauf markiert die Gitterkreuzungen; dazwischen befinden sich auf den Gitterstäben jeweils drei kleine runde Knöpfe. Das Gitterwerk ist tief unterschnitten; es ist nur an den Mittelpunkten der Kreuze und an den Gitterkreuzungspunkten mit dem Kapitell verbunden. Die obere Randleiste, ein

110. Korbkapitell mit unterschnittenem Gitterwerk. In jedem Zwischenraum steht ein Kreuz mit diagonalen Lichtstrahlen und in zwei schmalen Spitzen auslaufenden Balken. (Höhe 0,59 Meter.) Vgl. Farbillustration Abb. 149.

111. Korbkapitell im Archäologischen Museum in Barcelona, erwiesenermaßen aus der Polyeuktoskirche. Die Bossen und die Füllhörner sind abgeschlagen; ursprünglich ruhte jede Bosse auf einer Durchbrucharbeit, die aber zerstört ist. Die Myrtenblätter stammen von der mittelalterlichen Reparatur einer Beschädigung. (Höhe 0,92 Meter.)

regelmäßiges, mit kleinen Blüten durchsetztes Geflecht, ist nicht unterschnitten. Das dritte Korbkapitell ist stark beschädigt, war aber auf mindestens zwei Seiten mit einer hohen, schlanken, stilisierten Vase geschmückt, aus der zwei gewundene Weinstöcke hervorwachsen; in der ersten, fast kreisförmigen Windung beiderseits der Vase befindet sich kein Blatt, sondern ein achtzackiger Stern (Abb. 109). Eine Bruchstelle an der Ecke des Kapitells erweist, daß zwischen den zwei erhaltenen Seiten eine durchbrochene Randleiste verlief.

Als viertes sei das prachtvolle Korbkapitell im Archäologischen Museum in Barcelona genannt, das erwiesenermaßen aus der Polyeuktoskirche stammt (Abb. 111).[21] Wie so viele andere Stücke wurde es vermutlich zur

112. Zwei ausgegrabene, zusammenpassende Fragmente eines unvollendeten Kapitells, das dem in Barcelona ähnlich ist. Das Muster ist mit dem Bohrer angelegt, während der Hintergrund und die Oberflächen noch nicht fertig ausgemeißelt sind. Dies ist ein Beweis dafür, daß die Schmuckarbeiten an Ort und Stelle ausgeführt wurden. (Gesamtlänge 0,285 Meter.)

113. Ein ausgegrabenes Fragment eines Kapitells, das dem in Barcelona ähnlich ist (Abb. 111).

Zeit des vierten Kreuzzugs aus Konstantinopel fortgeschafft. Der Basisfries besteht aus großen Eiformen mit je einem lateinischen Kreuz im Relief, abwechselnd mit aufrechten, dreiteiligen Blättern, die durch einen darunter verlaufenden Stiel verbunden sind. Die Kranzleiste ist mit einer Reihe dreiteiliger Pflanzen geschmückt, je mit einem Kügelchen an der Spitze der drei Teile, und von jeder Pflanze hängen zudem zwei pfefferartige Früchte herab. Das Hauptmotiv auf jeder Seite des Kapitells besteht aus drei auf der Mittelachse übereinandergestellten Füllhörnern, aus denen zwei kunstvolle, nach rechts und links ausgebreitete Akanthuszweige hervorgehen. Der Akanthus und große Teile des sonstigen Schmucks sind tief unterbohrt. Die Ecken des

114

115

114 (oben). Pfeilerkapitell, identisch mit den Kapitellen der sogenannten *pilastri acritani* in Venedig, die erwiesenermaßen aus der Polyeuktoskirche stammen. Die Füllhörner sind zerbrochen; beschädigt sind auch die Kanten, an denen sich ursprünglich unterschnittenes Blattwerk als Stütze für die vorspringenden Bossen befand. (Höhe 0,90 Meter.) Vgl. Farbillustration Abb. 147.

115 (links). Detail des Pfeilerkapitells Abb. 114 mit der abgestuften Kehlung an einer Kante.

116 (nächste Seite oben). Pfeilerkapitell, in eine Mauer eingelassen. (Höhe 0,76 Meter.)

117 (nächste Seite unten). Pfeilerkapitell im Stil der Polyeuktoskirche, wiederverwendet in einem türkischen Bauwerk in Edirnekapi bei der landeinwärts gelegenen Stadtmauer von Theodosius. (Höhe 0,82 Meter.)

116

117

118. Der westliche Pfeiler der *pilastri acritani* auf der Piazzetta in Venedig. Vgl. Farbillustrationen Abb. 122, 148.

Kapitells sind stark beschädigt. Die vorspringenden Bossen an den Ecken sind überall abgeschlagen, doch die Doppelstümpfe der Füllhörner über der Basisleiste unter jeder Ecke zeugen von einer kunstreichen Durchbrucharbeit, die jede Kante als Stütze der Bosse verschönert haben muß. Die vertikalen Bänder, die den Hintergrund der Durchbrucharbeit bildeten, müssen in drei von vier Fällen im 13. Jahrhundert als Myrtenzweige umgestaltet worden sein. Die Herkunft aus der Polyeuktoskirche wurde durch mehrere Stücke eines gleichen Kapitells (oder gleicher Kapitelle), die wir bei unseren Ausgrabungen fanden, nachgewiesen (Abb. 112, 113).

Zwei Arten von Pfeilerkapitellen wurden offensichtlich verwendet, und wiederum fanden wir von jeder Art ein sehr schönes Beispiel und viele Bruchstücke. Beim ersten Typ weist jede Seite ein kunstvolles Muster einer extrem stilisierten Pflanze auf: Aus einem vertikalen Stamm in der Mitte wachsen symmetrisch nach rechts und links wellig gewundene Stengel hervor; aus diesen entwickelt sich ein weiterer Stengel mit zwei Ranken, von denen eine ein Weinblatt und die andere einen sechszackigen Stern umschließt (Abb. 114). Unten links und unten rechts, auf dem Mittelstamm und auf der oberen Spitze der seitlichen Stengel befinden sich insgesamt fünf wirbelförmige Gebilde oder Quirle. Zwei gerade, schräg abwärts verlaufende Stäbe erfüllen scheinbar eine Stützfunktion zwischen Hauptstamm und seitlichen Stämmen; sie beherrschen die Fläche in auffallender Weise wie ein riesiger Zirkumflex. Die Basisleiste ist mit Eiformen im Wechsel mit dreiteiligen Blättern verziert; das obere Band zeigt eine Reihe einfacher geteilter Palmetten. An drei Ecken des Kapitells befand sich eine vorstehende Bosse, gestützt auf ein Durchbruchmotiv, das aus einem Füllhornpaar unter der Ecke hervorging; an der vierten Kante verläuft von der Basis zum Kranz eine kleine, rechteckige, abgestufte Kehlung, und aus zwei Füllhornpaaren entsprangen zwei durch eine Rille getrennte Durchbruchmotive, die zwei Bossen stützten. Dieses Kapitell wurde in der ersten Grabungsperiode gefunden; es ist identisch mit den Kapitellen der zwei sogenannten *pilastri acritani* auf der Piazzetta in Venedig (Abb. 118, 112).[22] Lange Zeit wurde angenommen, diese Pilaster seien im Jahr 1258 aus Akko in Palästina gekommen (daher die Bezeichnung *pilastri acritani)*, doch in Wirklichkeit wurden sie – vermutlich im Jahr 1204 oder kurz danach – aus der Polyeuktoskirche mitgenommen. Ein viertes Kapitell dieser Serie wurde unlängst entdeckt, wiederverwendet in einem türkischen Bauwerk bei Edirnekapi in Istanbul (Abb. 117).[23] Bei unseren Ausgrabungen stießen wir bei einem eingelassenen Pilasterkapitell auf das gleiche Ornament (Abb. 116).

Die zweite, etwas größere Art von Pfeilerkapitellen weist auf jeder Seite in der Mitte eine Dattelpalme auf, flankiert von einer gewundenen Pflanze mit herzförmigen Blättern und achtblättrigen Blüten; das obere Band ist mit einer Reihe dreiteiliger Elemente geschmückt, das untere Band mit vorstehenden Eiformen (jeweils mit einem Kreuz) im Wechsel mit dreiteiligen

119. Oberer Teil eines Pfeilers oder Pilasters, aufgefunden im Koca Mustafa Pasa Camii (früher Andreaskirche in Krisei), heute im Archäologischen Museum in Istanbul. Das Stück gehört zur selben Serie wie die sogenannten *pilastri acritani* in Venedig und stammt vermutlich ebenfalls aus der Polyeuktoskirche. (Höhe 0,645 Meter.)

Blättern (Abb. 150). Auch hier ruhten vorstehende Bossen an jeder Ecke auf Durchbruchmotiven, und eine Kante war abgestuft gekehlt.

Den zwei Arten von Pfeilerkapitellen entsprechen zwei Arten von Pfeilern. Der kleinere Pfeiler läßt sich am besten anhand der zwei *pilastri acritani* beschreiben, die wie ihre Kapitelle nachweislich aus der Polyeuktoskirche stammen (Abb. 122, 123). Das obere Band an beiden Pfeilern ist mit diagonalen Mäandern verziert. An der oberen Hälfte des Schafts sind alle vier Seiten reich geschmückt, an der unteren Hälfte sind drei Seiten schmucklos, während die vierte Seite ein einfaches rechteckiges Feld mit Kreuz und Weltkugel zeigt. Auf zwei Seiten der oberen Hälfte ist das Ornament ein strenges Muster zweier gleicher, übereinandergestellter Motive. Jedes Motiv weist ein Monogramm im Kreis auf, das leider nicht mit Sicherheit identifiziert werden kann; es steht in der Mitte zwischen einem großen, von oben herabhängenden Weinblatt und einem von unten heraufweisenden Weinblatt. Rechts und links sind vertikale Voluten mit kleineren Weinblättern im Wechsel mit Trauben. Auf den beiden anderen Seiten besteht das Muster

120. Oberer Teil des Pfeilers mit diagonalen Mäandern in der oberen Zierleiste und einem zentralen Granatapfel, seltsamerweise flankiert von Traube und Weinblatt. Das Motiv gleicht dem Seitendekor der sogenannten *pilastri acritani* in Venedig. (Höhe 0,615 Meter.) Vgl. Farbillustration Abb. 146.

121 (oben rechts). Oberer Teil eines Pfeilers mit diagonalen Mäandern in der oberen Zierleiste und gebogenem Rebstock im Hauptpaneel. Eine Bordüre mit offenen Blüten wurde hinzugefügt, denn dieser Pfeiler war breiter als die *pilastri acritani*. Man nimmt an, daß der Pfeiler das Palmenkapitell (Abb. 150) trug. (Höhe 0,54 Meter.)

aus einem Kantharos (einer Vase), aus dessen Fuß zwei kräftige Rebstöcke herauswachsen, ein großes, aufrechtes Weinblatt bilden und zusammenlaufen, um einen Granatapfel auf ihrer Spitze zu tragen; aus den Rebstöcken sprossen Trauben und Weinblätter im Wechsel. Eine abgestufte Kehlung verläuft an einer Kante des Schafts entsprechend der abgestuften Kehlung an den Pfeilerkapitellen. Ein bei den Ausgrabungen entdecktes Fragment ist die obere Ecke eines solchen Pfeilers (Abb. 120). Ein Pilaster, der in türkische Fundamente in der Nähe des Standorts der Kirche eingebaut ist, weist das gleiche Muster auf, ebenso eine Platte im Archäologischen Museum in Istanbul, die in Koca Mustafa Pasa Camii (früher Andreaskirche in Krisei) aufgefunden wurde. Beide stammen zweifellos aus der Polyeuktoskirche (Abb. 119).[24]

Die zweite Art von Pfeilern ist durch ein oberes Eckstück vertreten, das ein Band mit diagonalen Mäandern über einer Rosettenbordüre aufweist. Diese umrandet das Hauptpaneel mit einem dicken, gebogenen Rebstock (Abb. 121). Während die erste Art von Pfeilern eine obere Breite von 88 cm hat, die genau der unteren Kante des kleineren Pfeilerkapitells entspricht, kam die zweite Art von Pfeilern nach der Restaurierung auf eine Breite von 1,10 Metern, die ihrerseits der Breite des Palmenkapitells genau entspricht. Wir können uns deshalb die Dekoration sehr gut vorstellen. Auf einem

122. Zwei Pfeiler mit Kapitellen auf der Piazzetta in Venedig. Man nahm früher an, sie seien im Jahr 1258 aus Akko in Palästina gekommen; daher der Name *pilastri acritani*. Jetzt ist jedoch erwiesen, daß sie aus der Polyeuktoskirche in Konstantinopel stammen, aus deren Ruinen sie im vierten Kreuzzug mitgenommen wurden.

123. Detail des westlichen Pfeilers der *pilastri acritani* in Venedig. Die obere Zierleiste weist einen diagonalen Mäander auf; darunter befinden sich Monogramme im Kreis jeweils zwischen einem hängenden und einem stehenden Weinblatt. Die Weinblätter sprossen aus einem doppelten Stamm. Die Randfelder rechts und links zeigen eine einfache Schnörkelverzierung mit Weinblättern und Trauben im Wechsel.

124. Korbkapitell mit geteilter Palmette, bei der Ausgrabung aufgefunden.

125. Kapitelle mit geteilter Palmette in der Südwestecke des Markusdoms in Venedig, die vermutlich aus der Polyeuktoskirche stammen.

126. Fragment einer Brüstungsplatte aus Docimium-Marmor, wiederverwendet in der Pantokratorkirche (Zeyrek Camii), mit wiederkehrendem Motiv eines stilisierten Kantharos, aus dem ein streifenähnlicher Stamm mit übereinanderstehenden Herzen und bananenartigen Wedeln aufragt.

127. Einige ausgegrabene Fragmente von Brüstungsplatten in der Art des Stücks in der Pantokratorkirche (Abb. 126). Vgl. Farbillustration Abb. 145.

128. Fragment in Aquileia mit stilisiertem Kantharos, hängendem Weinblatt, gefiederten Blättern und einer Bordüre offener Blüten, wahrscheinlich von einem Pilaster oder Pfeiler in der Art der Pfeiler mit den Palmenkapitellen in der Polyeuktoskirche.

129. Eine Brüstung aus Docimium-Marmor im Kunsthistorischen Museum in Wien. Das Stück kam im 19. Jahrhundert aus Venedig nach Wien und wurde der gotischen Baukunst des 14. Jahrhunderts zugeschrieben. In Wirklichkeit ist es eine Originalbrüstung aus der Polyeuktoskirche, die allerdings, wie deutlich erkennbar ist, im 14. Jahrhundert stark überarbeitet wurde. (Länge 1,75 Meter.)

kürzlich in der Basilika in Aquileia entdeckten Stück findet sich innerhalb einer Rosettenbordüre ein großer Kantharos mit blätterverziertem Fuß unterhalb eines offenen Rings von einfachen, kleinen, aufgebogenen Blättern; darüber hängt ein großes Weinblatt, rechts und links sieht man die Überreste zusätzlicher gefiederter Blätter (Abb. 128).[25] Das Fragment scheint aus proconnesischem Marmor zu bestehen und stammt, nach der Ähnlichkeit von Motiv und Technik zu schließen, wahrscheinlich aus der Polyeuktoskirche. Es könnte von Venedig nach Aquileia gelangt sein.

Zeyrek Camii in Istanbul (ein Bauwerk aus dem 12. Jahrhundert, einst die Pantokratorkirche) besitzt unter seiner türkischen Ausstattung eine Anzahl Fragmente von Brüstungsplatten aus weichem, gelblichweißem Marmor von Docimium in Phrygien (Abb. 126).[26] Das Hauptmuster ist ein wiederkehrendes Motiv eines stilisierten Kantharos, aus dem ein streifenähnlicher Stamm mit übereinanderstehenden Herzen und bananenartigen Wedeln aufsteigt. Zwischen dem einen Kantharos und dem nächsten verläuft eine senkrechte Bordüre mit abwechselnden runden und quadratischen Knäufen; die letzteren sind mit diagonal an jeder Ecke angesetzen, länglich-ovalen Perlen versehen. Der obere Rand besteht aus Trauben im Wechsel mit achtblättrigen Blüten, jeweils aufgehängt an einem einfachen, bogenförmigen Verbindungsstengel. Diese Stücke bieten die Erklärung für eine große Anzahl ausgegrabener Kleinfragmente, die zweifellos zu solchen Brüstungsplatten gehörten (Abb. 127), und es steht fest, daß auch diese aus der Polyeuktoskirche stammen.[27] Ein vollständiger Fries bestand aus drei Kantharosplatten, wie man von einem nicht zerbrochenen, aber stark umgestalteten Stück im Kunsthistorischen Museum in Wien weiß (Abb. 129). Dieser Fries, der im 19. Jahrhundert von Venedig nach Wien kam, wurde wahrscheinlich im 14. Jahrhundert in gotischem Stil überarbeitet. Im Material (Docimium-Marmor), in den Abmessungen, in Muster und technischem Detail stimmt er mit den Stücken in Istanbul genau überein; seine ursprüngliche Herkunft unterliegt keinem Zweifel.[28] Fragmente von vielen weiteren Brüstungsplatten

130 (unten links). Fragment einer Brüstungsplatte mit zwei verschlungenen Quadraten um ein Monogramm in einem rechteckigen Rahmen mit einer Bordüre umgestülpter dreieckiger Blätter. (Höhe 0,37 Meter, Länge 0,114 Meter.)

131 (unten rechts). Fragment einer Brüstungsplatte, Bordüre mit Rauten- und Schlüsselmuster. (Höhe 0,32 Meter, Länge 0,28 Meter.)

132. Teil eines Frieses mit Hakenmotiv zwischen Perlstabbordüren. (Höhe 0,26 Meter.) Die Fundorte der 31 Bruchstücke dieses Frieses deuten darauf hin, daß er sich einst im Sanktuarium befand (vgl. Abb. 133).

aus proconnesischem Marmor wurden zutage gefördert. Die meisten gehörten einem Normtypus des 6. Jahrhunderts an; ein Motiv ist zum Beispiel ein sechsarmiges Kreuz in einem Kranz mit Kreuz und Weltkugel zu beiden Seiten. Es fanden sich aber auch andere Teile von mehreren kunstreicheren Brüstungsplatten, darunter ein Stück mit einer Bordüre von umgestülpten dreieckigen Blättern um zwei verschlungene Quadrate mit einem Mono-

133. Teil eines Frieses mit dem Motiv eines Kreuzes in einer Arkade zwischen Perlstabbordüren. (Höhe 0,305 Meter.) 42 Fragmente dieses Frieses wurden aufgefunden, davon 37 im Bereich des Sanktuariums, dem der Fries zugeordnet werden kann.

134. Wandplatte aus dem Bereich der Apsis, leicht konkav gewölbt. Die Pflanzen – drei in jedem Feld – sind stark stilisiert und deuten auf sassanidische Vorbilder. (Höhe 1,62 Meter.)

gramm darin (Abb. 130) oder ein Stück mit abwechselnden Rauten- und Schlüsselmotiven (Abb. 131) sowie vier Stücke mit Resten von durchbrochenen Motiven.

Überdies fanden wir eine große Anzahl Fragmente von zwei schmalen Friesen, die meisten im Bereich des Altarraums und der Apsis. Eines ist in Flachrelief mit Kreuzen in Arkaden geschmückt, wobei jedes Motiv deutlich vom anderen abgesetzt ist; das andere weist ein wiederkehrendes Jochmotiv auf. Beide sind oben und unten mit einer Perlstableiste begrenzt (Abb. 132, 133).

Noch mehr Aufsehen erregten sehr viele Bruchstücke von mindestens drei Wandplatten. Diese waren vorn leicht konkav gewölbt. Sie sind in drei Felder unterteilt, von denen das obere und das untere mit Reliefs verziert sind, während das mittlere schmucklos ist (Abb. 134). Die zwei verzierten

Felder sind einander sehr ähnlich; jedes weist eine Reihe von drei stilisierten Pflanzen auf: Aus einem einfachen, dreiteiligen, auf drei Kügelchen ruhenden Blatt erhebt sich ein zentraler Stengel mit einer kleinen, eiförmigen Blüte über drei weiteren Kügelchen, flankiert von zwei anmutigen gefiederten Blättern, die nicht am Stengel, sondern an den seitlichen Fingern des Basisblatts angesetzt sind. Die gefiederten Blätter sind nach außen geschwungen und berühren mit ihren Spitzen die Blattspitze des Nachbarmotivs; auf diesen zusammenlaufenden Blattspitzen ruht ein kleiner, liegender Halbmond am oberen Rand des Feldes. Hinter dem mittleren Finger des Basisblatts befindet sich eine etwas größere Version derselben Form; die einfachen Blattadern treten in feinem Relief hervor.

Eine weitere bemerkenswerte Entdeckung war eine Reihe kleiner Figurentafeln, alle in einer spätbyzantinischen Schicht im Narthex und alle mit systematisch abgeschlagenen Gesichtern. Bei sämtlichen Stücken ist die Rückseite poliert, was vermuten läßt, daß sie eine Art Brüstung schmückten, und jedes weist in der unteren Mitte ein Dübelloch auf, das zur Befestigung gedient haben mag oder zur Anbringung eines Hakens, an dem etwas aufgehängt werden konnte. Das Fehlen der Gesichter an diesen Skulpturen, die ihrem Zusammenhang nach aus vortürkischer Zeit stammen müssen, läßt sich am leichtesten mit den Verwüstungen des Bildersturms im 8. Jahrhundert erklären; damals wurden religiöse Bilder auf Befehl des Kaisers systematisch zerstört. Dies wäre also ein *terminus ante quem* für die Reliefs, und es gibt wohl keinen Grund, sie nicht in das 6. Jahrhundert zu datieren.

135. Fragment einer Apostelbüste. (Breite 0,415 Meter.)

136.

137.

138.

139.

140. Marmorikone eines Apostels, Apostel C genannt. (Höhe 0,38 Meter.)

141. Marmorikone eines Apostels, Apostel D genannt. (Höhe 0,36 Meter.)

136. Marmorikone mit Christusbüste. Bei sämtlichen Bildnissen dieser Serie wurden wahrscheinlich zur Zeit des Bildersturms im 8. Jahrhundert die Gesichter verstümmelt. (Höhe 0,38 Meter.)

137. Marmorikone mit Büste der Gottesmutter mit Kind. (Höhe 0,36 Meter.)

138. Marmorikone eines Apostels, Apostel A genannt. (Höhe 0,375 Meter.)

139. Marmorikone eines Apostels, Apostel B genannt. (Höhe 0,38 Meter.)

142. Marmorikone eines Apostels, Apostel F genannt; die rechte Hand ist segnend erhoben, die linke hält einen Kreuzstab. (Höhe des Bruchstücks 0,37 Meter.)

143. Kapitell eines eingelassenen Säulchens, das mit dem Schaft aus einem Stück gehauen wurde. Das Motiv vorn ist ein rechteckiger Hochkantrahmen mit übereinanderlaufenden Streben; an der Außenseite des Rahmens sind lanzettliche Blätter angesetzt. Auf den Seiten wiederholt sich das Motiv. (Höhe 0,45 Meter.)

Nachdem die Gesichter abgeschlagen waren, wurden die Figuren vermutlich geborgen und irgendwo aufbewahrt, so daß ihr Fundort nichts mit ihrem ursprünglichen Standort zu tun haben muß.

Zu dieser Serie gehört eine Büste von Christus mit einem Heiligenschein, dem ein Kreuz aufgeprägt ist; die Figur hat schulterlanges Haar und einen mittellangen Spitzbart, die linke Hand am angewinkelten Arm hält ein Buch mit Kreuz und Beschlägen, die rechte Hand liegt über der Brust. Weiter fand man eine Büste der Gottesmutter, ebenfalls mit Heiligenschein, die aufgerichtete Figur des Jesuskindes vor sich haltend, sowie – teils in Bruchstücken – die Büsten von acht Aposteln, darunter vier mit Büchern und eine Figur, die einen Kreuzstab auf der linken Schulter hält (Abb. 135–142). Die Apostel haben keine Heiligenscheine; dies spricht für das angenommene frühe Enstehungsdatum.

Bei den Bauteilen, die im Verlauf der Ausgrabung geborgen wurden, befand sich eine Reihe von reliefverzierten Fragmenten, die an dieser Stelle zusammengefaßt seien. Eines ist der obere Teil eines Wasserspeiers in Form eines Eberkopfes mit deutlich erkennbarem Rüssel und Kruppenansatz und sorgfältig modellierten Augen (Abb. 156). Ein anderes ist ein gekrümmter Schnabel, möglicherweise der eines Adlers, vom Kopf abgebrochen und an der inneren Ecke des oberen und unteren Schnabelteils durchbohrt, vermutlich zum Aufhängen (Abb. 158, links). Ein drittes ist ein Stück mit

144. Fragment eines kleinen Vogels in Hochrelief, wahrscheinlich aus einem von Tieren „bewohnten“ Blattwerk. (Länge 0,095 Meter.)

145. Ausgegrabene Fragmente von Brüstungsplatten in der Art des Stücks in der Pantokratorkirche (Zeyrek Camii).

146. Oberer Teil eines Pfeilers, bei der Ausgrabung aufgefunden. Das Motiv gleicht dem Seitendekor der *pilastri acritani* in Venedig.

147 (nächste Seite oben). Pfeilerkapitell, bei der Ausgrabung aufgefunden.

148 (nächste Seite unten). Kapitell des westlichen Pfeilers auf der Piazzetta in Venedig. Die Verzierung stammt aus dem 6. Jahrhundert mit Ausnahme des Schmuckwerks an den Kanten unter den Bossen, einer Reparaturarbeit des 13. Jahrhunderts.

149 (übernächste Seite oben). Korbkapitell mit unterschnittenem Gitterwerk, bei der Ausgrabung aufgefunden.

150 (übernächste Seite unten). Pfeilerkapitell mit zentraler Dattelpalme, bei der Ausgrabung aufgefunden. Die Kanten sind beschädigt; hier befand sich einst unterschnittenes Blattwerk als Stütze für vorspringende Bossen. (Höhe 0,93 Meter.)

147

148

149

150

151. Blick von Nordosten auf die zerbrochenen Überreste zweier Fensterrahmen und weitere Marmorstücke, wie sie in die Zisterne nördlich des Atriums gefallen waren.

152, 153. Ein rekonstruierter Fensterrahmen aus 70 zusammenpassenden Bruchstücken (viele davon auf Abb. 151). (Höhe 2,53 Meter, Breite 0,88 Meter, Dicke 0,11 Meter.) Analog zur Hagia Sophia müßte ein Fenster 3 × 9 Scheibenfelder umfaßt haben. Jedenfalls war die Polyeuktoskirche wie die Hagia Sophia reich mit Fenstern ausgestattet.

154. Fragment eines Palmenkapitells in der Art des Kapitells auf Abb. 150.

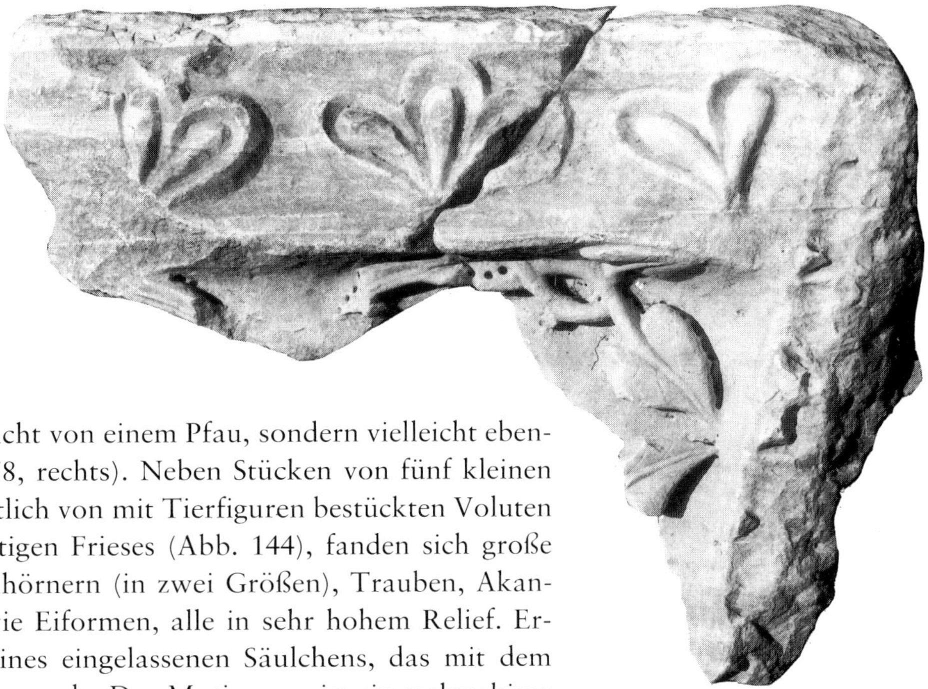

steifen, geraden Flügelfedern, nicht von einem Pfau, sondern vielleicht ebenfalls von einem Adler (Abb. 158, rechts). Neben Stücken von fünf kleinen Vögeln in Hochrelief, offensichtlich von mit Tierfiguren bestückten Voluten eines Kapitells oder eines sonstigen Frieses (Abb. 144), fanden sich große Mengen von Pinienzapfen, Füllhörnern (in zwei Größen), Trauben, Akanthus und anderen Blättern sowie Eiformen, alle in sehr hohem Relief. Erwähnt sei auch das Kapitell eines eingelassenen Säulchens, das mit dem Schaft aus einem Stück gehauen wurde. Das Motiv vorn ist ein rechteckiger Hochkantrahmen mit übereinanderlaufenden Streben; an der Außenkante des Rahmens ist in der Mitte jeder Seite ein lanzettliches Blatt und an jeder Ecke ein schmaleres Blatt mit einem Kügelchen an der Spitze angesetzt. Über und unter dem Blatt in der Mitte der Längsseiten wächst ein Blatt hervor, dessen eingerollte Spitzen ein Kügelchen umschließen (Abb. 143).

Wir katalogisierten über zehntausend Marmorstücke und verfaßten Kurznotizen zu vielen weiteren. Die allermeisten waren – abgesehen von Kehlungen – unverziert. Sie stammten von Karniesen, Säulen, Sockeln, Schwellen, Türrahmen, Fensterrahmen, Plinthen, Pfosten, Brüstungsplatten, Simsen, Leisten und Rinnen. Mit sehr wenigen Ausnahmen (eine Plinthe und eine Brüstungsplatte aus *verde antico,* eine Platte aus *celticum,* Pfosten aus Alabaster und eine Plinthe aus rotem Porphyr) handelte es sich um proconnesischen Marmor. Zwei Fensterrahmen, die in den Unterbau des Gebäudes nördlich des Atriums gestürzt waren, konnten rekonstruiert werden, der eine aus 56, der andere aus 70 Bruchstücken (Abb. 151–153). Das war jedoch die Ausnahme. Die Trümmerstätte war so stark geplündert worden, daß kaum etwas repariert werden konnte. Von den 76 Zeilen des Gedichts sind nur Teile von sieben Zeilen erhalten, weniger als fünf Prozent des gesamten Textes. Die meisten Fensterrahmen waren rechteckig, einige wenige halbkreisförmig, und aus ihrer Anzahl geht hervor, daß die Kirche – wie die Hagia Sophia – sehr reich mit Fenstern versehen war. Wir fanden sehr wenig Fensterglasscherben und schlossen daraus, daß die Scheiben systematisch entfernt und als Bruchglas verwendet worden waren.

Die Marmorfunde waren besonders aufschlußreich und bedeutsam. Aus antiken Quellen kennen wir verschiedene Techniken der Marmorbearbeitung. Die wichtigsten Werzeuge waren der Meißel (Abb. 157) und der Bohrer

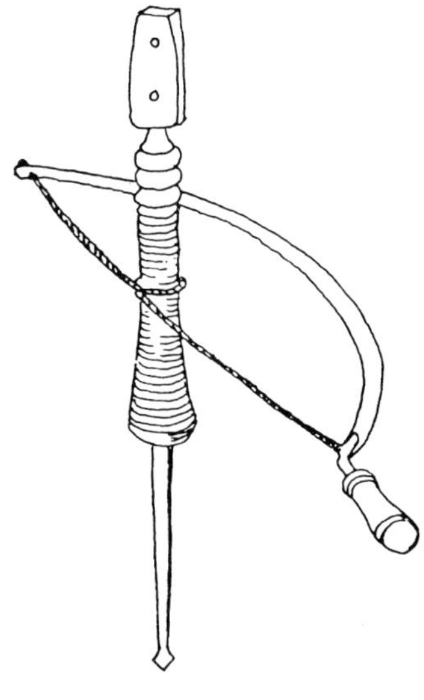

155. Rekonstruktionszeichnung eines Bogendrillbohrers. Der eiserne Bohrer und der hölzerne Griff stammen aus Ägypten; der Bogen ist rekonstruiert. (Nach D. Strong und D. Brown.)

156. Wasserspeier in Form eines Eberkopfes, einer von mehreren aufgefundenen Wasserspeiern, darunter einer mit einem Löwenkopf. Die übrigen Wasserspeier waren schmucklos.

(Abb. 155). Der Bohrer, mit dem das Muster angelegt wurde (Abb. 112), war der Bogendrillbohrer, eine Eisenspitze in einem Holzschaft, der mit einer straffen Bogensehne mehrfach umwickelt war und auf diese Weise in Bewegung gesetzt wurde. Seine außerordentliche Genauigkeit erkennt man beispielsweise an den vom Untergrund völlig losgelösten Teilen des unterschnittenen Gitterwerks eines Korbkapitells (Abb. 149). Der Bohrer wurde hier in einem Winkel von etwa 45° diagonal angesetzt; mehrere verrostete Spitzen abgebrochener Eisenbohrer (Durchmesser 2–3 Millimeter) wurden im Marmor gefunden. Gleiche Verwendung fand der Bohrer bei dem unterschnittenen Flechtwerk sowohl einiger weiterer Korbkapitelle als auch des Hauptgesimses (Abb. 108). Die Bildhauer kannten die Toleranz des brüchigen Materials; sie arbeiteten mit ihrem Werkzeug so exakt wie heute der Zahnarzt mit seinem Bohrer. Der Bohrer wurde auch zum Unterschnei-

157. Die wichtigsten Werkzeuge des Steinmetzen (Flachmeißel, Schlegel, Spitzmeißel), abgebildet auf der Seite eines römischen Sarkophags in Marcianopolis in Bulgarien, der mit einem Klauenmeißel behauen wurde.

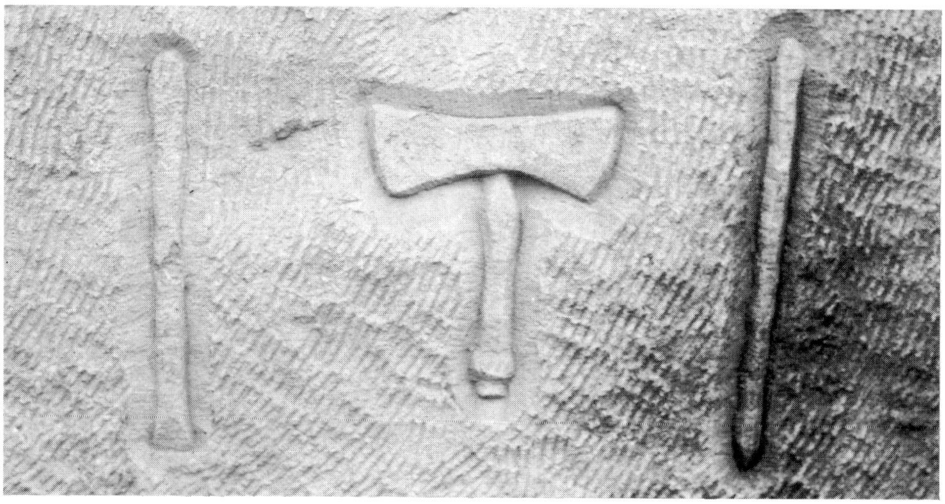

158. Links: Der Schnabel eines Adlers, an der Bruchstelle zum Aufhängen durchbohrt. Rechts: Fragment mit Federn, die ganz anders gestaltet sind als die Pfauenfedern und möglicherweise zu dem Adler gehörten. (Länge des Schnabels 0,015 Meter, der Federn 0,145 Meter.)

den der Weinblattränder am Hauptgesims (Abb. 98) und allgemein für Blattwerk benutzt, auch für die durchbrochenen Stützteile der Eckbossen mehrerer Kapitelle, für Eiformen, Pinienzapfen, Füllhörner und viele andere Motive. Einer der Gründe für die Zuordnung der exotischen Brüstungsplatten aus Docimium-Marmor zur ursprünglichen Ausstattung der Kirche bestand darin, daß sie die gleiche Verwendung des Bohrers zum Unterschneiden der bananenartigen Wedel und zum Aushöhlen des Hintergrunds aufweisen (Abb. 145).

Mit dem Meißel wurden alle freiliegenden Flächen bearbeitet: flache Hintergründe, einfache Friese (Abb. 132, 133), der diagonale Mäander am oberen Abschluß der Pfeilerdekoration (Abb. 121), die Inschrift am Hauptgesims, unterschnittenes Flecht- und Gitterwerk. Der Meißel diente auch für Schmuckelemente wie Pfauen, Eiermotive, Füllhörner, Pinienzapfen und die verschlungenen Weinranken und sorgfältig modellierten Weinblätter.

Die bildhauerischen Motive, denen wir begegneten, reichten von höchst klassischen bis zu überaus exotischen, manchmal nebeneinander auf demselben Block, manchmal sogar kombiniert in demselben Muster. Wie schon vermerkt, haben die unregelmäßigen gewundenen Weinranken in den Exedren unterschnittene Blätter, die mit erhabenen Adern fein modelliert sind und teilweise mit dem Hintergrund verschmelzen, um die dritte Dimension hervorzuheben (Abb. 95). Dieser starke Naturalismus steht in der hellenistischen und römischen Tradition und erinnert sogar an die Ara Pacis des Augustus in Rom. Die Ecksteine der Exedra weisen auf der einen Seite ein unterschnittenes Diagonalgitterwerk auf, in dessen Zwischenräumen hängende und aufrechte Weinblätter im Wechsel eingesetzt sind; die Blätter sind jeweils naturalistisch gemeißelt, folgen aber nun einem formalen Schema (Abb. 99). Ebenso zeigt jeder Marmorpfeiler auf zwei gegenüberliegenden Seiten ein formales Schema, in dem ein großes Weinblatt über einem runden

159. Weinblatt. Detail der Verzierung eines Ecksteins, der bei der Ausgrabung aufgefunden wurde.

160. Gewundene Reben von einem Pfauenbogen des Hauptgesimses, Detail. Spuren blauer Bemalung waren vorhanden. Vgl. Farbillustration Abb. 95.

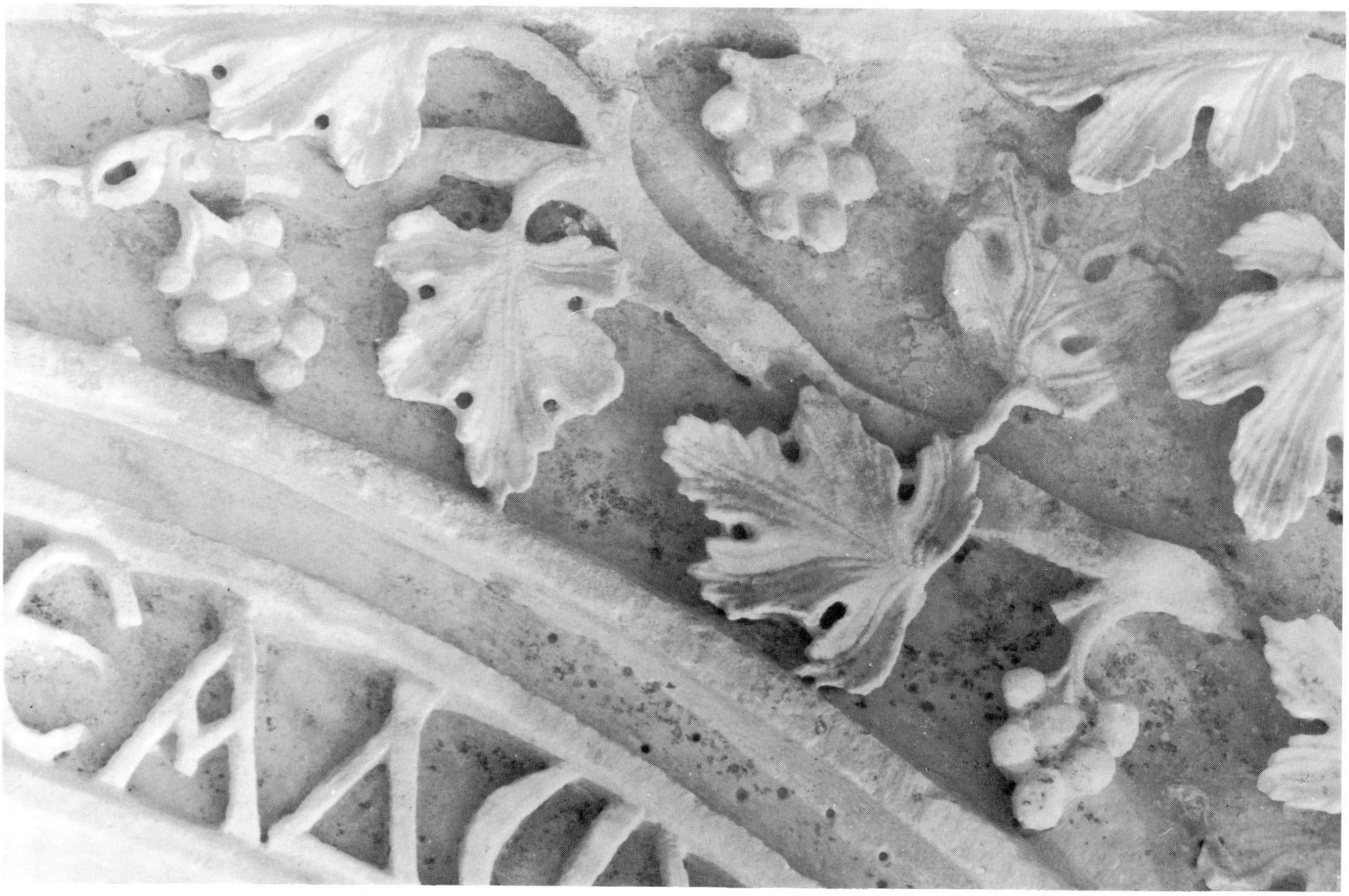

Monogramm hängt, während ein ähnliches Weinblatt aufrecht darunter angebracht ist; auch diese Blätter sind naturalistisch gestaltet, wachsen aber aus einem gespaltenen Zweig, der beiderseits in regelmäßigen Ranken emporsteigt; die Ranken sind mit kleineren, sorgfältig angebrachten Blättern und Weintrauben im Wechsel besetzt (vgl. Abb. 119, 123). Auf den beiden anderen Seiten der Pfeiler erheben sich zwei gewundene Weinranken mit naturalistischen Blättern und Trauben aus einem kunstvollen Kantharos und vereinigen sich an der Spitze des Feldes, wo sie merkwürdigerweise einen reifen Granatapfel tragen (vgl. Abb. 120, 122).

In jeder Exedra befanden sich fünf große, radschlagende Pfauen, deren Körper, Hälse und Köpfe rundplastisch gehauen waren, während ihre Füße in Hochrelief auf niederen Sockeln standen. Ein Pfau in Frontalansicht befand sich in der Mittelnische, je zwei Pfauen standen einander in den Seitenbogen gegenüber, ihre Schwanzfedern erhoben sich bis zum Scheitelpunkt des Bogens und berührten den Kamm. Jeder Pfau war mit einem Halsband in Flachrelief verziert; die Augen waren vermutlich aus grünem Glas (eine kleine, durchscheinende grüne Glaskugel wie eine Murmel paßte genau in eine Augenhöhle); der Marmor war wahrscheinlich reich bemalt, nicht nur blau, sondern auch rot, grün und golden, und am Schnabel war möglicherweise eine Kette befestigt. Frühere Beispiele von vorspringend gestalteten Vögeln und anderen Tieren (Protomen) sind in der Skulptur des Vorderen Orients beispielsweise aus Persepolis, Hatra und Baalbek bekannt.[29] Die vielleicht bemerkenswertesten vollplastischen Pfauen befinden sich in Mem-

161. Pfauenfedern vom Hauptgesims mit Inschrift (zerstört). Der Körper des Pfaus könnte dem auf Abb. 91 dargestellten Körper ähnlich gewesen sein.

162. Sassanidische Stuckzier aus der Villa in Ktesiphon. Staatliche Museen Berlin.

phis in Ägypten: Ein Paar solcher Pfauen aus Kalkstein schmückte den hellenistischen Zugang zum sogenannten Serapeum. Ihre ausgebreiteten Schwanzfedern erheben sich von einer Unterlage gewundener Weinranken, auf ihren Körpern sitzt rittlings je eine Figur des jungen Dionysos.[30]

In scharfem Gegensatz zu den figürlichen Pflanzen, Vögeln und anderen Tieren diente eine Vielfalt stilisierter Pflanzen, Palmetten und sonstiger exotischer Motive der Ausschmückung der Kirche. Ihr Ursprung liegt eindeutig im sassanidischen Persien, der Großmacht an der Ostgrenze von Byzanz, die eine lange Tradition und ein reiches Repertoire solch bezeichnender Formen hatte. Die Originale mögen Gebäudeskulpturen oder Stuckarbeiten gewesen sein; die Motive gelangten sozusagen aus zweiter Hand mit Seidenstoffen, Elfenbeinschnitzereien und Metallgegenständen ins Land.[31] Im ersten Teil des 6. Jahrhunderts war Persisches in Konstantinopel offenkundig Mode. Es könnte durchaus bedeutsam sein, daß Anicia Julianas Gatte Areobindus von 503 bis 505 die byzantinischen Streitkräfte gegen Persien befehligte; nach Kriegshandlungen in Mesopotamien und im persischen Armenien kehrte er mit großer Beute nach Konstantinopel zurück.[32] Wir dürfen annehmen, daß diese Beute auch Textilien umfaßte, mit denen zweifellos der Palast geschmückt wurde, und daß diese Textilien eine Vorliebe für persische Muster weckten.

Parallelen zu den exotischeren Motiven in der Polyeuktoskirche finden sich nicht nur in der persischen, sondern auch in der omaijadischen (früharabischen) Kunst, besonders im Felsendom in Jerusalem, in der Großen Moschee in Damaskus und den sogenannten Wüstenpalästen in Jordanien und Syrien. Diese Parallelen sind nützlich und deuten darauf hin, daß sie und die Polyeuktoskirche gemeinsamen (sassanidischen) Quellen vieles verdanken.

Zwei Arten von Palmetten auf einem der Monogrammkarniese (Abb. 100) erinnerten an derartige sassanidische Elemente, ebenso die Palmetten und gefiederten Blätter auf dem anderen Karnies (Abb. 104) und die gefiederten, ausgeschrägten, zarten symmetrischen Blätter auf den Pfeilerkapitellen in Venedig (Abb. 148). Die phantasievolle Pflanzendarstellung in dieser Kategorie tritt auch bei den gewölbten Wandplatten hervor (Abb. 134).

Eine stilisierte Vase sowie ein streifenähnlicher Stamm mit übereinanderstehenden Herzen und bananenartigen Wedeln (Abb. 145) wurden auf einigen Brüstungsplatten entdeckt; der Stamm mit Herzen tritt auch in der sassanidischen und omaijadischen Kunst auf, die Wedel haben omaijadische Vorbilder. Omaijadische Parallelen sind zu dem wiederkehrenden Motiv von Zweig und Blatt bekannt, das auf einem der Karniese der Polyeuktoskirche bemerkt wurde (Abb. 163).[33]

Deutlich erkennt man den besonders starken sassanidischen Einfluß beim Vergleich eines Gitterkapitells der Polyeuktoskirche (Abb. 110) mit einem heute in Teheran befindlichen originalen sassanidischen Kapitell; dort sind lediglich statt der Kreuze Blumen in den Zwischenräumen angebracht.[34]

163. Blattornament vom Karnies. Detail von Abb. 107.

164. Stilisierter Kantharos. Detail von Abb. 126.

165. Geteilte Palmette von dem Korbkapitell auf Abb. 124.

Auch bei dem Palmettenkapitell mit geteilter Palmette (Abb. 165) wurde ein sassanidisches Motiv verwendet, wenn auch der Bildhauer einem aufschlußreichen Mißverständnis unterlag, als er die zwei „Ranken" mit ihren sorgfältig herausgearbeiteten unregelmäßigen Windungen schuf, die alles andere als pflanzlich sind. Wahrscheinlich kam es zu einer Verwechslung zwischen dem sogenannten sassanidischen Band, einem Motiv, das in der sassanidischen Kunst häufig vorkommt und mit dem beispielsweise in der Stuckdekoration eines Palastes in Kisch eine geteilte Palmette zusammengehalten wird, und dem unregelmäßig gewellten Strom des lebendigen Wassers, der in vielen Perioden der mesopotamischen Kunst aus dem Lebensbaum entspringt und in ihn mündet.[35] Mit welcher Art von Geweben solche Motive von Persien nach Konstantinopel gelangt sein können, läßt sich an einem Seidenstoff in Aachen erkennen (Abb. 166).

Bei der Ausgrabung hatten wir manchmal das Gefühl, daß wir nicht eine Kirche, sondern ein Museum freilegten, denn der Abwechslungsreichtum, die Vielfalt und Anzahl der Motive ist wahrhaft enorm. Vertreten sind, wie schon erwähnt, vier verschiedene Arten von Korbkapitellen, zwei Arten von Pfeilerkapitellen und mindestens sechs Arten von dekorierten Karniesen. Nimmt man das Hauptgesims, die Intarsien der Säulen, die Wandplatten, Pfosten und Brüstungsplatten hinzu, so erscheint es unwahrscheinlich, daß irgendein Gebäude des Altertums in der Überfülle des Schmucks je an die Polyeuktoskirche heranreichte. Soweit wir wissen, hat die ganzflächige Dekoration von Pfeilern, Pilastern und Wänden keinen Vorläufer.[36]

Ein weiteres bemerkenswertes Kennzeichen der Kirche ist die Abwendung von klassischen Zierleisten und ihren traditionellen Schmuckformen, besonders am Hauptgesims. Der Viertelstab mit dem Eierstabmotiv und der Rundstab mit dem Perlstabornament wurden kaum verwendet; das ionische Kyma mit dem aufrechten Akanthus oder der Akanthusschnörkelverzierung tritt überhaupt nicht auf.

Zum Schluß ein Wort zu den figürlichen Skulpturen. Die kleinen, rechteckigen Ikonen mit Büsten von Christus, von der Jungfrau mit dem Kind und von verschiedenen Aposteln stammen, wie schon erwähnt, fast sicher aus der Zeit vor dem Bildersturm, wahrscheinlich aus der ersten Periode der Kirche (Abb. 135–142). Reste von Gips an den Kanten der Tafeln lassen erkennen, daß sie in irgendeinen Rahmen eingelassen waren, und ein rechteckiges Dübelloch am unteren Rand diente entweder zur Befestigung der Tafeln am Rahmen mittels einer Klammer oder Schraube oder, was wahrscheinlicher ist, für einen hervorstehenden Haken, an dem beispielsweise eine Lampe aufgehängt werden konnte. Wir wissen nicht, an welchem Ort in der Kirche sie sich befanden; eine Möglichkeit wäre, daß sie eine Ikonostase schmückten. Im Stil sind die Tafeln zwar einfacher und weniger kunstvoll als die Skulpturen am Bauwerk selbst; sehr wahrscheinlich stammen sie aber ebenfalls aus dem 6. Jahrhundert und gehen somit auf Anicia Julianas Vorstellungen zurück.

166. Stück eines persischen Seidenstoffs im Kirchenschatz des Aachener Doms. Persische Stoffe waren im byzantinischen Konstantinopel sehr geschätzt; man nimmt an, daß persische Motive durch Stoffe und andere tragbare Dinge ins Land kamen.

167. Rekonstruktionszeichnung vom Innenraum der Polyeuktoskirche
mit Blick nach Osten zur Apsis.

IV. Rekonstruktion

Aus den erhaltenen Unterbauten der Polyeuktoskirche läßt sich ihr Grundriß skizzieren, und aus Schutt und Trümmern wurden erstaunliche Überreste ihres Oberbaus geborgen. Höchstwahrscheinlich besaß sie eine Kuppel; ehe wir aber dieser Vermutung nachgehen, sollten wir den Grundriß im einzelnen betrachten und nach Anhaltspunkten für den Aufriß suchen.

Im Grundriß (Abb. 48, 169) ist die Kirche quadratisch mit einer nach Osten vorspringenden Apsis und einem im Westen angebauten Narthex. Innerhalb des Quadrats unterteilen zwei breite, tiefe, von Westen nach Osten verlaufende Fundamente das Bauwerk sozusagen in Mittelschiff und Seitenschiffe. Im Bereich des nördlichen Seitenschiffs befinden sich zwei parallele, tonnengewölbte Gänge, die zusammen den Seitenschiffußboden stützten; das südliche Seitenschiff war ähnlich unterbaut. An der Nordost- und Südostecke des Gebäudes enthielten die Unterbauten identische Raumgruppen. Der Fußboden des Mittelschiffs war größtenteils auf einer kompakten Unterfütterung verlegt; entlang der Mittelachse verlief unter dem Boden ein Gang, der vom Unterbau des Narthex zu einer rechteckigen Krypta führte. Genau im Mittelpunkt der Kirche umschloß der Gang das Fundament für den Ambo. Wir haben also einen quadratischen Grundriß mit Mittelpunkt und innerer Unterteilung in Mittelschiff und Seitenschiffe; wir kennen die Maße des Fußbodens und die Breite und Tiefe der zwei riesigen Mittelschiff-fundamente, die vermutlich die Kolonnaden zwischen Mittelschiff und Seitenschiffen sowie die Pfeiler trugen.

In diesen einfachen Plan mit bekannten Abmessungen muß die große Inschrift eingepaßt werden. Es sind zwar nur Fragmente erhalten, die aber anhand des ganzen, in der *Palatinischen Anthologie* überlieferten Textes miteinander in Beziehung gesetzt werden können. Das Gedicht umfaßte insgesamt 76 Zeilen, und aus der Anmerkung in der Handschrift (vgl. Abbildung Seite 6) wissen wir, daß die ersten 41 Zeilen um das Mittelschiff umlaufend eingemeißelt waren. Teile von sieben dieser Zeilen wurden geborgen (Abb. 168), und die Hauptgesimsblöcke, auf denen sie stehen, sind von dreierlei Art: Bogen, Nischen und Eckstücke.

Die Zeilen 27 und 31 waren 1960 von Baggern zutage gefördert worden; ihre genaue Fundstelle wurde nicht notiert. Die anderen fünf Bruchstücke wurden so aufgefunden, wie sie herabgestürzt waren; daraus läßt sich schließen, daß die Inschrift in der Südostecke des Mittelschiffs begann. Die Zeile 9 lag knapp westlich des Ambos, die Zeile 16 wiederum westlich in

Ecke mit Teil von Zeile 9 (Detail von Abb. 99)

Nische mit Teil von Zeile 16 (Detail von Abb. 96)

Bogen mit Teil von Zeile 25 (Detail von Abb. 89)

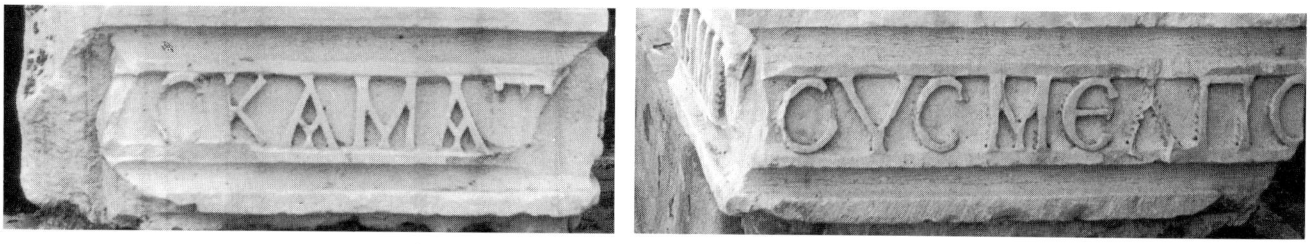

Ecke mit Teil von Zeile 27 (Detail von Abb. 98)

Bogen mit Teil von Zeile 30 (Detail von Abb. 31)

Nische mit Teil von Zeile 31 (Detail von Abb. 86)

Bogen mit Teil von Zeile 32 (Detail von Abb. 87)

kurzer Entfernung, beide in dem axialen Gang; die Zeilen 25, 30 und 32 fanden sich von Westen nach Osten in den Unterbauten des nördlichen Seitenschiffs.

Die drei Blöcke mit den Zeilen 30, 31 und 32 hingen offenkundig einst zusammen und bildeten eine Folge von Bogen, Nische und Bogen. Die Frontseite aller drei Blöcke ist leicht konkav gewölbt, und es ist deutlich, daß sie zusammen den mittleren Teil einer offenen Exedra (halbkreisförmige Nische) bildeten, die eine Spannweite von etwa 6,50 Metern hatte. Über der Inschrift sind die Blöcke mit phantasievoll gewundenen Weinranken verziert, und diese Weinranken treten auch auf den zwei Eckblöcken auf (Zeilen 9 und 27), die somit jeweils der Ecke einer ähnlichen Exedra zugeordnet werden können. Die anderen geschmückten Flächen der Eckblöcke weisen jedoch ein anderes Muster auf, einen diagnonalen Gitterrahmen mit hängenden und aufrechten Weinblättern im Wechsel. Die Zeile 9 schmückte die linke Ecke einer Exedra, die Zeile 27 die rechte Ecke einer anderen Exedra. Bei dem Eckblock mit Zeile 9 ist die Seite mit dem Diagonalgitter am Anfang eines breiten Bogens abgebrochen; die ursprüngliche Länge des Blocks wird

168. (gegenüberliegende Seite) Die erhaltenen Inschriften ergeben Teile des Gedichts in der *Palatinischen Anthologie*.

169. Diagramm der mutmaßlichen Anlage der Kirche mit Zeilenfolge und Verlaufsrichtung der Inschrift des Gedichts aus der *Palatinischen Anthologie* und Angabe des Standorts der sieben erhaltenen Gedichtzeilen (Abb. 168). Eingezeichnet sind zudem vier halbkreisförmige Nischen (zwei links, zwei rechts) und vier Turm- oder Säulenfundamente.

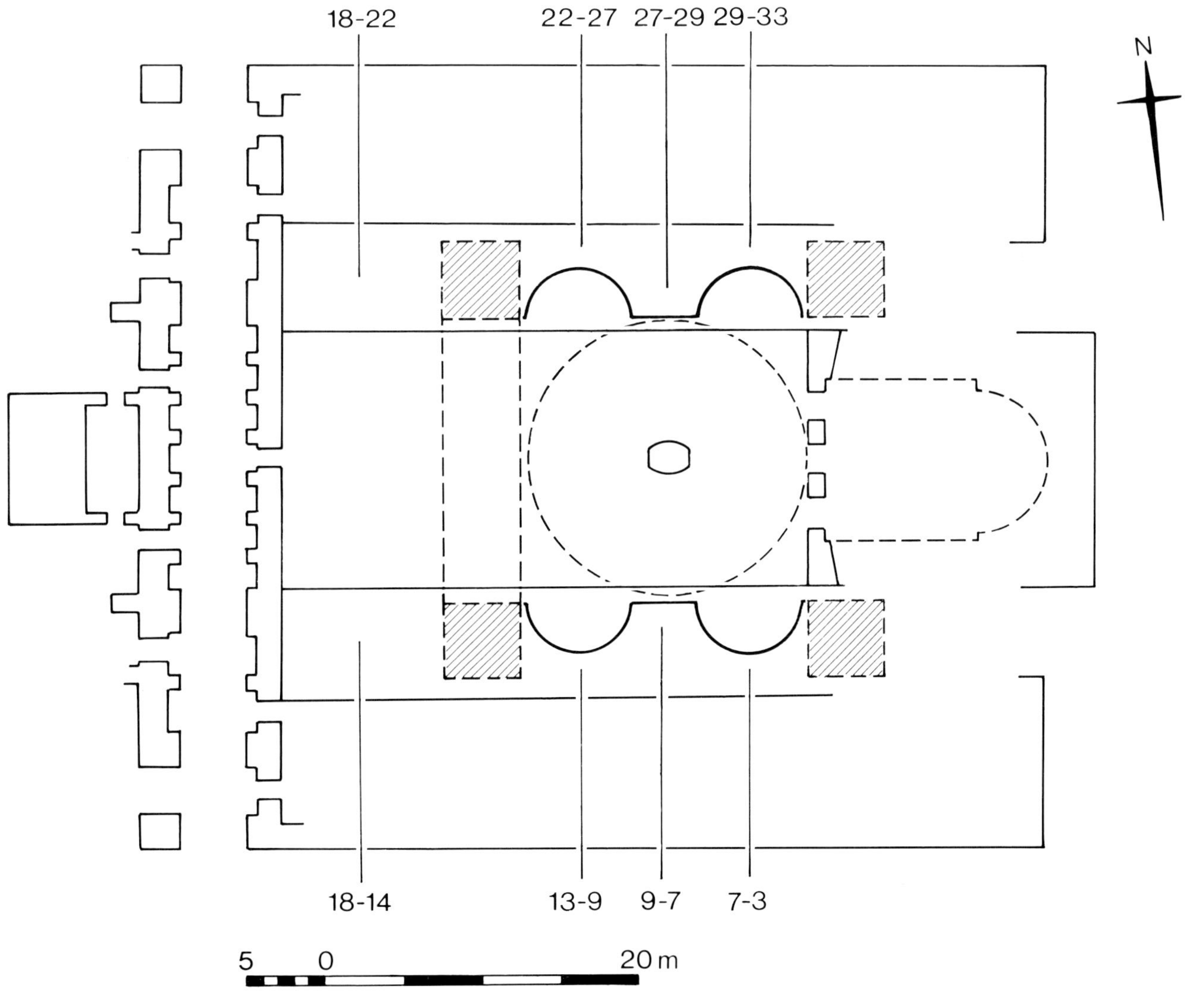

auf etwa 4,50 Meter geschätzt. Es hat den Anschein, daß dieser breite Bogen, dessen Frontseite flach war, nicht nur einer halbkreisförmigen Exedra vorangin, sondern auch einer solchen folgte, die vermutlich die ersten Zeilen des Gedichts trug. Wir haben somit zwei halbkreisförmige, durch ein gerades Element getrennte Exedren sowohl auf der Nordseite als auch auf der Südseite des Mittelschiffs (Abb. 169).

Am östlichen Ende des Mittelschiffs entdeckte man auf Unterbauebene eine Quermauer, die vielleicht auch die Linie einer darüber befindlichen Altarschranke markierte. Die Quermauer liegt 9,25 Meter östlich des Ambofundaments, das den exakten Mittelpunkt der Kirche bildet. Wenn die beiden Exedrenpaare zentral auf den zwei breiten Mittelschiffundamenten standen, waren ihre Fronten jeweils etwa 9,25 Meter von der Mittelachse der Kirche entfernt, und wenn jedes Exedrenpaar auf den Ambo zentriert war, ergab sich ein zentraler quadratischer Raum von etwa $9{,}25 \times 2 = 18{,}5$ Metern Seitenlänge. Die beiden Exedren in ihrer Gesamtlänge (13 Meter), ihre zwei äußeren Enden (etwa 1 Meter) und das flache Verbindungselement (etwa 4,50 Meter) ergeben ebenfalls 18,50 Meter und könnten somit die Nord- und die Südseite eines solchen Raums gebildet haben, der von vier Pfeilern auf den massiven Fundamenten begrenzt wurde. Mit dieser Hypothese ließe sich auch die außergewöhnliche Dicke und Tiefe dieser Fundamente erklären, die nicht nur die Pfeiler, sondern auch die tiefen Exedren dazwischen tragen mußten.

Die Zeilen 16 und 25 hätten sich danach in Einzelexedren auf der Süd- und Nordseite eines westlichen Raums befunden, ein zentraler quadratischer Raum über dem östlichen Teil des Mittelschiffs hätte diesem schmaleren Raum und zwei zusätzlichen Pfeilern Platz geboten. Auf den Einwand, daß nach diesem Plan die Inschrift nicht fortlaufend ist, sei bemerkt, daß die Inschrift Teil eines sehr kunstvollen Hauptgesimses ist und daß das entsprechende schmuckreiche Hauptgesims in der Hagia Sophia, das aber keine Inschrift trägt, ebenfalls unterbrochen ist; es beschränkt sich auf die Mittelschiffkolonnaden und die Exedren.

Wenngleich keine erkennbaren Fragmente einer Kuppel vorhanden sind, läßt sich doch aus einigen Faktoren schließen, daß die Kirche überkuppelt war. Schon die mächtigen Grundmauern sind Beweis für einen außergewöhnlich schweren Oberbau, und obwohl Mittelschiff und Seitenschiffe auf Fußbodenebene eine Langform bilden, deutet der quadratische (nicht rechteckige) Grundriß auf ein zentrales (nicht rechteckiges) Dachsystem hin. Dies wird zusätzlich wahrscheinlich gemacht durch die Position des Ambos im östlichen Teil des Mittelschiffs, aber im genauen Mittelpunkt der Kirche. Seine zentrale Lage war nur erkennbar, wenn er direkt unter einem zentralen Turm oder einer zentralen Kuppel stand, und daß er tatsächlich in der Mitte eines quadratischen Raums stand, der für einen Turm oder eine Kuppel erforderlich war, geht aus den erhaltenen Teilen des mit der Inschrift versehenen Hauptgesimses hervor. Zudem waren offene Exedren häufig ein Kennzeichen von Zentralkuppelbauten, so beispielsweise bei der sogenannten Piazza d'Oro von Hadrians Villa in Tivoli aus dem 2. Jahrhundert und bei dem Martyrium in Seleukeia Pieria aus dem 5. Jahrhundert. Auch die *Palatinische Anthologie* könnte den Beweis für eine Kuppel liefern, denn in den Zeilen 55–57 des Gedichts wird über die Kirche ausgesagt: „Auf beiden Seiten des Mittelschiffs tragen Säulen, die auf kraftvollen Säulen stehen, die Strahlen des goldenen Daches." Die oberen Säulen waren natürlich diejenigen der Empore, doch das griechische Wort für Strahlen *(aktis)* ist leider zweideutig. Es ist nicht sicher, ob die strahlenförmigen Rippen einer goldenen Kuppel oder einfach Lichtstrahlen gemeint sind. Die Kombination von rechteckigem Grundriß mit zentralem Oberbau war in den Provinzen schon aufgetreten, am bemerkenswertesten vielleicht bei einer Gruppe von Kirchen in Isaurien im späteren Teil des 5. Jahrhunderts, und Justinian vervollkommnete sie bei seiner großen, überkuppelten Kirche, der Hagia Sophia, in den Jahren 532 bis 537. Die Polyeuktoskirche war auf jeden Fall ein ehrgeiziges, neuartiges und extravagantes Bauwerk; eine Kuppel würde daher kaum überraschen.

Die eigentlichen Probleme bietet nicht der Grundriß, sondern der Aufriß. Die Exedren, von denen Teile ausgegraben wurden, werden auch von dem Gedicht bestätigt (Zeile 58), ebenso Emporen (Zeile 56). Die Exedren waren also vermutlich zweigeschossig. Nach der Hypothese eines quadratischen Zentralraums hätten die vier Mauerwerkpfeiler vier große Bogen getragen, einen über jeder Seite des Quadrats. Der nördliche und der südliche Bogen könnten entweder – wie in der Hagia Sophia – zugemauert oder – wie in der Irenenkirche – als Tonnengewölbe gestaltet worden sein. In beiden Fällen hätten sich der östliche und der westliche Bogen zu Kreuz- oder Tonnengewölben über dem Altarraum und dem westlichen Teil des Mittelschiffs geöffnet. Wenn auch der nördliche und der südliche Bogen ein Tonnengewölbe bildeten, wäre innen und außen eine Kreuzform um den zentralen Raum entstanden.

Einige Aufschlüsse über die Bedachung bietet das Wasserrinnensystem. Fallrohre befanden sich in den Innen- und Außenmauern des Narthex in seinem mittleren Teil; daraus geht hervor, daß das Narthexdach hier keine durchgehende Fläche bildete, sondern mit einer Kehlung und von außen sichtbaren Wölbung versehen war. Die Wasserkanäle, die in den Innenmauern der großen Mittelschiffundamente westlich verlaufen, wurden vermutlich von Fallrohren in den Hauptpfeilern gespeist; dies läßt auf ein System von Dachkehlen zwischen der Bedachung des Mittelschiffs und der der Seitenschiffe schließen.

Das Pfeilerkapitell mit Palmenornament (Abb. 170) und das Fragment seines Stützpfeilers (Abb. 121) lagen in dem axialen Gang dicht bei einem Eckstein des Hauptgesimses mit der Inschrift (Abb. 55). Unzweifelhaft trug das Kapitell einst diesen Stein. Die Höhe des Kapitells beträgt 0,93 Meter; es ist gleich hoch wie das Säulenkapitell in Barcelona (Abb. 111). Offenkundig gehört das Kapitell in Barcelona zu Exedrasäulen, und man darf mit Sicherheit annehmen, daß palmengeschmückte Pfeilerkapitelle an den Ecken der Exedren unter den Ecksteinen vorhanden waren, mit deren Abmessungen sie übereinstimmen.

Die beiden Pfeiler in Venedig und ihre Kapitelle (Abb. 122) sowie das gleichartige ausgegrabene Kapitell (Abb. 114) sind um etwa 20 Prozent schmaler. Daß auch sie zum unteren Geschoß gehörten, ist wahrscheinlich, aber nicht sicher. Die Korbkapitelle sind noch kleiner. Das Kapitell mit der geteilten Palmette (Abb. 108) hat eine Höhe von 0,695 Metern, das Gitterkapitell (Abb. 110) ist 0,59 Meter hoch; beide können einem oberen Geschoß zugeordnet werden. Auch das Karnies mit Kreuz und Muschel (Abb. 106) stammt aus einem oberen Geschoß; dies wird durch seinen Fundort am Ziegelpfeiler vom Westende der Kirche bewiesen, der ins Atrium gestürzt war (Abb. 50).

Die größeren Pfeiler und ihre Kapitelle waren 5 oder 6 Meter hoch. Nimmt man das Hauptgesims mit der Inschrift und ein Karnies dazu, so kann der Emporenfußboden kaum weniger als 8 Meter über dem Kirchenschiffußboden gewesen sein. Die Emporen sowie (vermutlich) Halbkuppeln über den Exedren hatten wohl ebenfalls diese Höhe. Bei einer Höhe (einem Radius) der vier großen Bogen von 9 Metern kann man also annehmen, daß eine Kuppel, falls es sie gab, in mindestens 25 Metern Höhe über dem Mittelschiffußboden begann und daß ihr Scheitelpunkt, falls sie halbkugelförmig war, ungefähr 9 Meter höher lag.

Zu der Innenausstattung gehörte ein Ambo, wie man aus der Plazierung und der elliptischen Form des Fundaments schließt, sowie ein Ziborium über dem Altar, auf das die im Altarbereich aufgefundenen Intarsiensäulen geeigneter Größe hindeuten (Abb. 54, 82, 83, 94). Für die Altarschranke, die vermutlich aus Plinthen, Pfosten und Brüstungsplatten vielleicht mit Säulchen, Gesims und sogar Marmorikonen bestand, ist eine Fülle möglicher Fragmente vorhanden, von denen aber keines beweiskräftig ist. Darunter sind Plinthen aus *antico verde*, Pfosten aus Alabaster und Platten aus Docimium-Marmor; die meisten Fragmente bestehen aus proconnesischem Marmor.

Die Fußböden waren vermutlich mit Marmorplatten ausgelegt, vielleicht mit Ausnahme des Mittelschiffs, wo manches auf ein gemoetrisches Mosaik hindeutet. Die Leisten bestanden aus proconnesischem Marmor, die Wandflächen waren mit farbigen Marmorplatten und Intarsien aus Amethyst, Perlmutter, Farbglas und Marmorformteilen verkleidet. In der Apsis befanden sich hohe, reliefverzierte marmorne Wandplatten zwischen den Fenstern (Abb. 134). Die Gewölbeschwünge waren mit Mosaiken überzogen, die hauptsächlich geometrische Muster, aber auch einige Figuren aufwiesen.

170. Pfeilerkapitell mit zentraler Dattelpalme.

Der Hauptzugang führte über das Atrium, wo eine breite Treppe auf der Achse der Kirche den Höhenunterschied von etwa 5 Metern zum Narthex überwand. Vom Palast herüber bestand wahrscheinlich auf der Ebene des *piano nobile* (Obergeschoß) ein direkter Zugang. Am Nordende des Narthex fanden sich Hinweise auf eine Außentreppe oder Rampe zur Empore. Es ist nicht bekannt, ob es eine entsprechende Treppe am Südende des Narthex oder weitere Treppen beispielsweise über der Gruppe von Räumen an der nordöstlichen und südöstlichen Ecke der Kirche gab. Das Atrium wurde auf die halbe Breite der Kirche ausgelegt; seine Länge beträgt das Anderthalbfache seiner Breite (oder etwas mehr). An der Nordseite befand sich auf einer erhöhten Terrasse das quadratische Apsisgebäude, das ein Baptisterium gewesen sein könnte. Von einem entsprechenden Bauwerk auf der Südseite des Atriums und von einer Begrenzung (mit Tor) am westlichen Ende wurden keine Spuren gefunden.

Im Rückblick ist zu sagen, daß weder die Baumethoden noch die Gesamtform der Polyeuktoskirche Überraschungen boten. Das eigentlich Bemerkenswerte war der überaus reiche, vielfältige Schmuck, und die Dimensionen sind geradezu überwältigend.

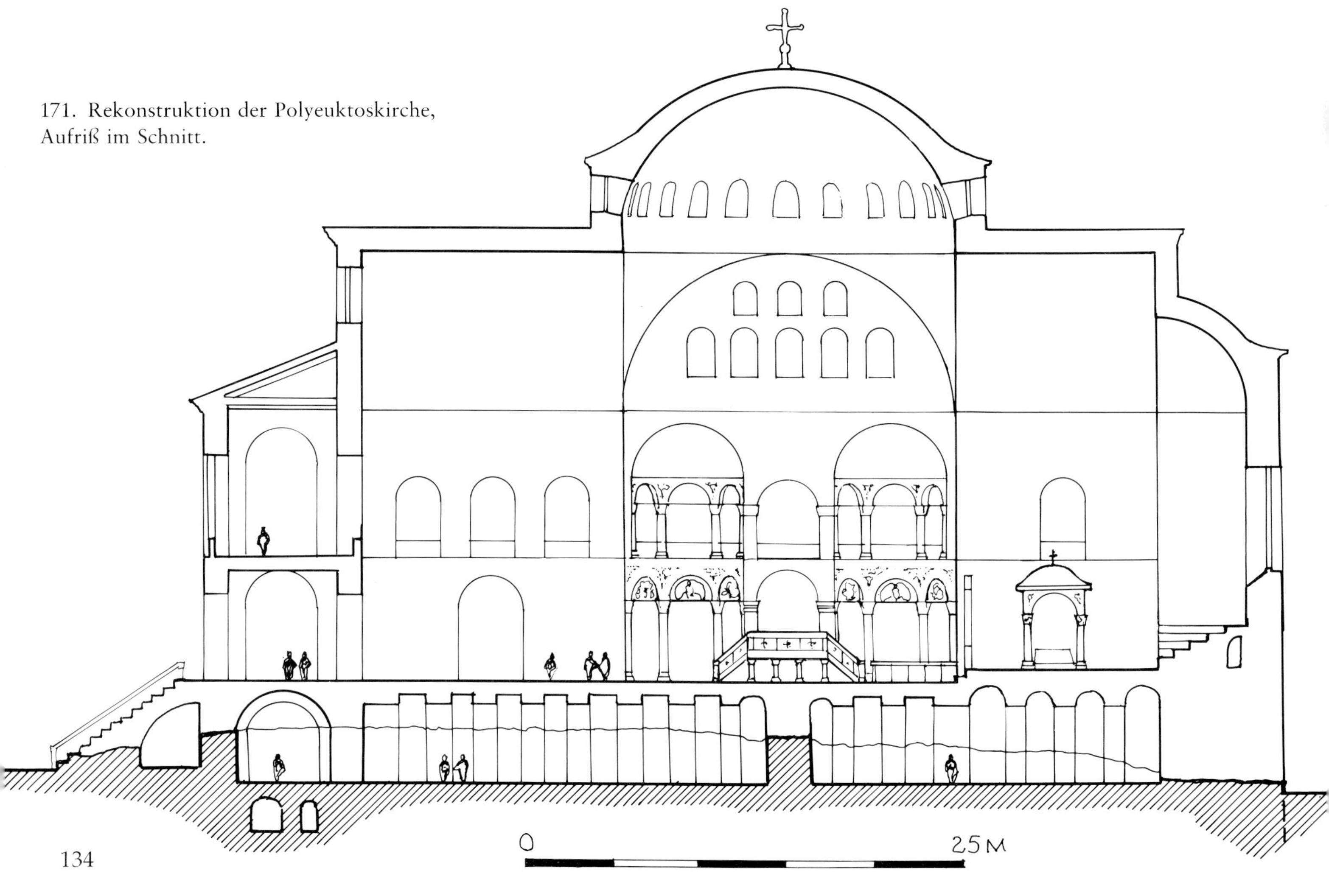

171. Rekonstruktion der Polyeuktoskirche, Aufriß im Schnitt.

172. Blick auf den nordwestlichen Komplex der Polyeuktoskirche nach der Ausgrabung mit möglichem Standort eines Baptisteriums (vgl. zur Orientierung Abb. 48, Grundriß).

173. Anicia Juliana, zwischen Personifizierungen der Großmut und Klugheit thronend.
Widmungsminiatur aus dem medizinischen Werk des Dioskorides in Wien,
einer wahrscheinlich um 512 n. Chr. entstandenen Prachthandschrift.
Nationalbibliothek Wien, Cod. Vind. Med. gr. 1, Folio 6 verso.

V. Schlußbetrachtung: Ein neuer Tempel Salomonis?

Eine Kirche in der Größe der Polyeuktoskirche muß zu einem besonderen Zweck erbaut worden sein. Als großartige Geste von Anicia Juliana ist sie in politischer Hinsicht verständlich: Ihre Beziehungen zu Kaiser Justin waren gespannt. Ihr Bestreben ist in dem Gedicht erklärt, das ihre königliche Abstammung und die Kontinuität ihrer Dynastie betont, doch erst jetzt mit den Ausgrabungen ist es sichtbar zutage getreten.

Die Entdeckungen lassen erkennen, daß die Kirche exakt geplant und sehr sorgfältig erbaut wurde; allerdings war uns lange nicht bekannt, welche Maßeinheit dem Plan zugrunde lag. Wir versuchten es erfolglos mit verschiedenen Arten der Einheit „Fuß". Erst 1982 erkannten wir, daß die Einheit die Elle, genauer: die königliche Elle war.[37] Damit erklärte sich der Hinweis auf Salomons Tempel in dem Gedicht, denn Anicia Juliana beabsichtigte offenkundig, nicht nur mit Salomon in all seinem königlichen Prunk zu wetteifern, sondern auch die Pracht seines Bauwerks nachzuahmen.

Die Elle (traditionsgemäß die Länge des Unterarms eines Mannes vom Ellbogen bis zur geschlossenen Faust) ist das Hauptlängenmaß in der Bibel und wurde auch in Ägypten und Mesopotamien verwendet.[38] Sie wurde später in die griechischen und römischen Maßsysteme, deren Grundeinheit der Fuß war, einbezogen und war gelegentlich noch im frühbyzantinischen Konstantinopel in Gebrauch.[39] Es gab zweierlei Ellen, das Standardmaß von sechs Handbreiten und die längere (oder „königliche") Elle von sieben Handbreiten. Man nimmt an, daß die gewöhnliche Elle etwa 0,445 Meter und die längere Elle etwa 0,518 Meter maß. Die Kirche war 51,45 Meter lang und 51,90 Meter breit; sie maß also (mit einer gewissen Toleranz für Meßfehler oder Senkungen) genau einhundert „lange" oder „königliche" Quadratellen. Die Normelle war in Konstantinopel bekannt, so daß es eine einfache Rechnung gewesen sein muß, die Länge der königlichen Elle zu bestimmen.

Aus diesen bemerkenswerten Maßverhältnissen ergeben sich wertvolle Hinweise auf die Absichten der byzantinischen Prinzessin, war doch der Tempel in Jerusalem im 10. Jahrhundert v. Chr. als sichtbarer Ausdruck von Salomons prunkvoller Königsherrschaft erbaut worden. Er war ein Bauwerk von außerordentlicher Pracht, und die ausführlichen Beschreibungen lesen sich wie die Präsentationspläne eines Architekten für ein Weltwunder (vgl. 1. Könige 6 und 7 und 2. Chronik 3 und 4; s. a. den neuen Tempel in Hesekiel 40–43). Der Tempel wurde im 6. Jahrhundert v. Chr. von Nebukadnezar zerstört, im späteren Verlauf desselben Jahrhunderts wieder aufgebaut, von Herodes dem Großen im 1. Jahrhundert v. Chr. erheblich restauriert und geschmückt und schließlich im Jahr 70 n. Chr. von den Römern endgültig vernichtet. Sein Ruhm dauerte fort, und für das Mittelalter wurden Salomon und der Tempel Symbole für gottgegebene Königsherrschaft und königlichen, ja himmlischen Reichtum. Zudem kannte jedermann die detaillierte Beschreibung im Buch der Könige, die Salomons Tempel und Palast als Vorbild königlicher Bautätigkeit darstellte. Eine weitere Parallele zum Tempel Salomonis besteht darin, daß Anicia Julianas Kirche ebenfalls an einen Palast angebaut wurde.

Das in der Kirche eingemeißelte Gedicht sagte über Anicia Juliana: „Sie allein hat die Zeit besiegt und die Weisheit des berühmten Salomon übertroffen und eine Kirche als Wohnstatt Gottes erbaut." Dies war wohl keine müßige Prahlerei, denn die königliche oder lange Elle wird von Hesekiel ausdrücklich erwähnt (Hesekiel 40,5: „... eine Meßlatte von sechs langen Ellen, die je eine gewöhnliche Elle und eine Handbreit maßen"), und sein Tempel war hundert Ellen lang und einschließlich der Plattform, auf der er stand, hundert Ellen breit (Hesekiel 41,13–14: „Dann maß er das Tempelgebäude – hundert Ellen lang – sowie den eingefriedeten Platz, das andere Gebäude und seine Mauern – auch hundert Ellen lang. Die Breite der Vorderseite des Tempels und des eingefriedeten Platzes betrug im Osten zusammen ebenfalls hundert Ellen"). Auch andere Abmessungen können in königlichen Ellen ausgedrückt werden: Die Nordmauer des Atriums ist gerade 75 Ellen lang (39,00 Meter), das apsisähnliche Gebäude (Baptisterium?) nördlich des Atriums ist 40 Ellen (20,80 Meter) im Quadrat, und die Krypta der Polyeuktoskirche hat eine Fläche von knapp 20 Ellen im Quadrat (10,00 × 10,20 Meter). Wenn die Krypta unter einem Sanktuarium lag, das infolge versetzter Mauern auf Fußbodenebene etwas größer war, könnte das Sanktuarium exakt 20 Ellen im Quadrat gemessen haben, genau wie das Allerheiligste in Salomons Tempel.

Der Übereinstimmung der Maße entspricht die Übereinstimmung in der Dekoration. Schmuckmotive im Inneren des Tempels waren Palmen im Wechsel mit Cherubimpaaren, Blüten, Granatäpfel, Kapitelle mit Gitterdekor, Kapitelle in Lilienform und – im Tempel des Herodes – Weinranken. „An allen Wänden des Hauses, im inneren wie im äußeren Raum, ließ er ringsum Cherubim, Palmen und Blütenranken einschnitzen" (1. Könige 6,29), und „... je eine Palme zwischen zwei Cherubim" (Hesekiel 41,18). „Auch machte er Geflechte (Flechtwerksarbeit, kettenförmige Bänder) für die Kapitelle oben auf den Säulen, und zwar ein Geflecht für das eine Kapitell und ein Geflecht für das andere. Ferner machte er Granatäpfel und legte sie in zwei Reihen ringsum über die Geflechte, so daß sie die Kapitelle oben auf den Säulen bedeckten. Ebenso verfuhr er mit dem zweiten Kapitell. Die Kapitelle oben auf den Säulen hatten die Form einer Lilienblüte" (1. Könige

7,17–19). „Ein goldener Rebstock stand über dem Eingang zum Allerheiligsten" (*Middoth*, „Measurements" I, 4, 8).[40] Wenn wir annehmen, daß das Kapitell mit der geteilten Palmette einer Lilie gleicht (im 19. Jahrhundert vermerkte John Ruskin, daß es in Venedig den Übernamen „capitello del giglio" trug), kehren all diese Schmuckmotive in der üppigen Dekoration der Polyeuktoskirche wieder (vgl. Abb. 103, 110, 114, 120, 124) – mit Ausnahme der Cherubim, deren Gestalt nie eindeutig festlag. Der jüdische Geschichtsschreiber Josephus sagte von den Cherubim im Tempel, niemand könne beschreiben oder auch nur erraten, wie sie aussahen.[41] In interessantem Gegensatz zum Tempel, der Cherubim, aber keine Pfauen aufwies, hatte die Polyeuktoskirche Pfauen, aber keine Cherubim. Die Cherubim waren zoomorph mit Flügeln und vielen Augen gestaltet und symbolisierten das Königtum; dasselbe gilt für die Pfauen, die die Vögel der Kaiserinnen waren. Im Licht der geschilderten Verhältnisse erscheint es denkbar, daß der Pfau mit seinen königlichen Assoziationen ausgewählt wurde, um diese symbolische Rolle in der Dekoration von Anicia Julianas Kirche zu spielen.

So drängt sich die Schlußfolgerung auf, daß Anicia Juliana beabsichtigte, den Tempel nachzubauen. Ihr Motiv war dabei wohl, ihre königlichen Ansprüche zu demonstrieren, denn Salomon war der königlichste aller Könige, und er war von dem Priester Zadok gesalbt worden. Diese Selbstdarstellung sollte Justin treffen, der allerdings starb, ehe die Kirche vollendet war, aber ihre Bedeutung wurde auch von seinem Nachfolger verstanden.

Die Polyeuktoskirche stand nun als die größte und prächtigste Kirche in Konstantinopel; Justinians Hagia Sophia in ihrer Größe, ihrer Anlage und ihrer vergleichsweise nüchternen Ausstattung ist zweifellos als bewußte Reaktion darauf zu sehen. Die Hagia Sophia ist eineinhalbmal so breit wie die Polyeuktoskirche, ihre Kuppel hat einen Durchmesser von einhundert byzantinischen Fuß. Die Stützung der Kuppel durch große Halbkuppeln, die ihrerseits auf offenen Säulenexedren ruhen, war eine außerordentlich kühne, elegante Lösung. Im Inneren ist der bildhauerische Schmuck nach Menge, Vielfalt und Motiven jedoch im Vergleich zur Polyeuktoskirche beschränkt. Er befindet sich hauptsächlich an den Kapitellen, den Bogengesimsen der beiden Mittelschiffkolonnaden und vier Exedren und an den Karniesen. Die Kapitelle gehören dem Korbkapitelltyp an, sie zeigen spärliche ionische Voluten und sind ganz mit einem Geflecht tief unterschnittener und plastisch herausgearbeiteter Akanthusblätter überzogen (Abb. 15). Auch die Hauptgesimse weisen ein flächendeckendes, regelmäßiges Muster sorgfältig unterschnittener, stilisierter Akanthusschnörkel auf. Die Karniese mit ihren aufrechten Akanthusblättern, Akanthusschnörkeln, Eierstabmotiven und Perlstabornamenten zeugen dagegen nicht von einem Fortschritt gegenüber der Ornamentik des frühen und mittleren 5. Jahrhunderts.

Anicia Julianas Gruppe von Bildhauern war groß und fachkundig und stand oft unter Zeitdruck, hauptsächlich im dritten Jahr der Erfüllung des

174. Korbkapitell von der Hauptsäulenordnung in der Kirche San Vitale in Ravenna (zwischen 526 und 546, wahrscheinlich im ersten Teil dieser Zeitspanne). Man nimmt an, daß diese Kapitelle mit geteilter Palmette von Künstlern geschaffen wurden, die in der Polyeuktoskirche gewirkt hatten. Vgl. Abb. 108 und 125.

Auftrags, das gesamte Hauptgesims mit der Inschrift sowie die Kapitelle, Karniese, Pfeiler und Friese zu vollenden. Was wurde aus den Steinmetzen und Bildhauern, nachdem die Kirche fertiggestellt war? Einige arbeiteten wahrscheinlich in der Kirche der Heiligen Sergius und Bacchus, aber dies war ein kleineres, bescheideneres Projekt. Die Kirche besitzt zwar schöne Korbkapitelle und einen Inschriftenfries, aber das Hauptgesims mit Medaillonkarnies, Akanthus und traditionellen Zierleisten erinnert ebenfalls an Arbeiten des 5. Jahrhunderts (Abb. 16). Andere Handwerker aus der Werkstatt der Polyeuktoskirche müssen neue Aufträge angenommen haben, denn Zeugnisse ihrer Tätigkeit sind bei Funden in der Stadt ans Licht gekommen, zum Beispiel ein Kapitellpaar im Ayvan-Serail, das sich heute im Archäologischen Museum in Istanbul befindet (Abb. 175). Manche Bildhauer wurden wahrscheinlich in der Hagia Sophia beschäftigt, wie sich aus dem Vergleich mit dem Kapitell in Barcelona (Abb. 111) und dessen symmetrischem Muster von horizontal ausgebreitetem Akanthus schließen läßt. Alles deutet aber darauf hin, daß Justinian die Künstlergruppe nicht insgesamt übernahm. Wohin zerstreute sie sich?

Einige zogen anscheinend nach Ravenna, denn dort befinden sich in der Kirche San Vitale an der Hauptsäulenordnung vierzehn Kapitelle aus proconnesischem Marmor, die den Kapitellen mit der geteilten Palmette in der Polyeuktoskirche auffallend ähnlich sind (Abb. 174). Ecclesius, Bischof von Ravenna von 521 bis 531, der auf dem Apsismosaik als Gründer dargestellt ist, begann mit dem Bau von San Vitale. Die Kirche wurde zwar erst 547 vollendet, aber die Säulen und Kapitelle der Hauptordnung stammen wahrscheinlich aus einer frühen Bauphase. Auch wurden die Kapitelle wie diejenigen der Polyeuktoskirche vermutlich in grob behauenem Zustand angeliefert und an Ort und Stelle vollendet, wie es üblich war. Es ist doku-

175 Kapitell vom Ayvan-Serail in Istanbul, heute im Archäologischen Museum in Istanbul. (Größte Breite 0,70 Meter.) Technisch und stilistisch ist dieses Kapitell mit den Arbeiten in der Polyeuktoskirche eng verwandt; man nimmt an, daß es von denselben Bildhauern stammt.

176. Kapitell in der Euphrasiusbasilika in Poreč (Parenzo) in Jugoslawien.

mentiert, daß Ecclesius im Jahr 526 Konstantinopel besuchte,[42] also genau zu der Zeit, als Anicia Julianas Bildhauer fleißig bei der Arbeit waren; man könnte sich durchaus vorstellen, daß er die in Bau befindliche Kirche besichtigte und dabei schon über die Möglichkeit eines Auftrags in Ravenna nach Abschluß der Arbeiten in der Polyeuktoskirche sprach.

Daß einige Künstler an die Adria zogen, schließt man zudem aus zwei heute im Erzbischöflichen Museum in Ravenna befindlichen Kapitellen, gewissen Kapitellen in der Euphrasiusbasilika in Porec (Abb. 176) und Kapitellen aus einem Baptisterium in Salona, heute im Archäologischen Museum in Split.[43] Alle weisen an den Ecken breitbrüstige Vögel auf in einem Stil, der stark an die Pfauen in der Polyeuktoskirche erinnert (Abb. 91), und alle tragen weitere Merkmale, die auf die Polyeuktoskirche hinweisen. Ravenna war bis 540, als es sich Justinians Truppen ergeben mußte, ein halbes Jahrhundert lang die Hauptstadt der Ostgoten gewesen, die unter ihrem König Theoderich die Stadt im Jahr 493 eingenommen hatten; sowohl Poreč als auch Salona lagen im Ostgotenreich. Weitere kunstvolle Reliefs besonders in den Balkanländern und Kleinasien lassen darauf schließen, daß sich die Künstlergruppe aus Konstantinopel in verschiedenen Richtungen zerstreute.

Im Jahr 532, vier oder fünf Jahre nach Anicia Julianas Tod, wurde ihr Sohn Flavius Anicius Olybrius, der in ein Komplott gegen den Kaiser verwickelt war, des Landes verwiesen.[44] Sein Besitz, zu dem vermutlich der Palast und die Palastkirche gehörten, wurde konfisziert. Er durfte zwar später nach Konstantinopel zurückkehren und erhielt sein Eigentum wieder, aber er hatte keine Söhne, und man weiß nichts über die darauffolgenden Bewohner des Palastes oder über das Schicksal der Kirche. Die Kirche konnte allerdings im 10. Jahrhundert noch besucht werden. Einer kürzlich veröffentlichten dokumentarischen Quelle zufolge[45] befand sich die Reliquie, das

Haupt des heiligen Polyeuktos, offenbar im 11. Jahrhundert noch dort. Nach unseren Ausgrabungen zu schließen, stürzte der Bau wahrscheinlich nicht vor dem Ende des 12. Jahrhunderts ein. Abgesehen davon, daß der Gang unter dem Mittelschiff schon bald zugemauert wurde, sind keine Anzeichen dafür vorhanden, daß die Kirche irgendwann baulich verändert, repariert oder neu geschmückt worden wäre. So drängte sich uns der Eindruck auf, daß sie zu einem frühen Zeitpunkt außer Gebrauch geriet.

Im 14. Jahrhundert befand sich das Haupt des heiligen Polyeuktos in der nahen Apostelkirche; es wurde vermutlich nicht früher als im 12. Jahrhundert dorthin verbracht.[46] Wie schon erwähnt, fand man Skulpturen aus der Polyeuktoskirche in der Pantokratorkirche (Zeyrek Camii) (Abb. 126) und in der Andreaskirche in Krisei (Koca Mustafa Pasa Camii) (Abb. 119). Ein Pfeilerkapitell wurde in der Stadt bei Edirnekapi entdeckt (Abb. 117), ein kleines Bruchstück mit Weinranken im Kloster Konstantin Lips (Fenari Isa Camii).[47] Ein marmorner Pfau, der im Topkapi-Serail ausgegraben wurde, stammt mit Sicherheit aus der Polyeuktoskirche (Abb. 177),[48] ein Kapitell mit geteilter Palmette, das derzeit im Garten der Hagia Sophia ausgestellt ist, kommt wahrscheinlich ebenfalls von dort (Abb. 178).[49] Und wenn wir auch nicht wissen, auf welche Weise verschiedene Marmorpfeiler und Kapitelle nach Venedig gelangten, ist doch bekannt, daß dies im Jahr 1204 oder kurz danach geschah, also nach dem vierten Kreuzzug. Drei Säulenkapitelle wurde zum Schmuck des nördlichen und südlichen Endes der West-

177. Pfauenkörper, aufgefunden 1916 bei den Ausgrabungen im Topkapi-Serail in Istanbul, heute im Archäologischen Museum in Istanbul. (Länge 0,41 Meter.) Das Stück entspricht den Pfauen in der Polyeuktoskirche, aus der es vermutlich stammt.

fassade von San Marco verwendet, und zwei Pfeiler, die sogenannten *pilastri acritani,* wurden auf der Piazzetta vor dem Südportal des Doms aufgestellt.

Gab es eine Parallele zwischen San Marco und dem Tempel Salomonis wie auch zwischen dem Dogenpalast und Salomons Palast?[50] An der Vorhalle des Tempels standen zwei von Hiram von Tyrus geschaffene Säulen, die Jachin und Boas genannt wurden (1. Könige 7,13–22). Vielleicht glaubten die Venezianer sogar, sie hätten mit den *pilastri acritani* die berühmten Säulen Jachin und Boas oder Nachbildungen davon erhalten?

Fest steht, daß die kunstreiche dekorative Plastik der Ruine der Polyeuktoskirche aus dem 6. Jahrhundert im 13. Jahrhundert lebhaftes Interesse weckte. Teile davon wurden, wie schon ausgeführt, nicht nur an verschiedenen Orten in Istanbul und in Venedig, sondern auch in Barcelona identifiziert. Wahrscheinlich werden in der Zukunft noch viele weitere Stücke aufgefunden, die diesen Schatz von kunstvollen Schmuckformen vermehren.[51]

Hinsichtlich des Schicksals der Stätte von Anicia Julianas Kirche nach 1204 läßt sich aus der Stratigraphie und aus Tonwaren und Münzen erkennen, daß die Ruinen in der ersten Hälfte des 13. Jahrhunderts und wiederum in der zweiten Hälfte des 15. Jahrhunderts nach der Eroberung Konstantinopels durch die Türken (1453) als Steinbruch für Marmor und Ziegel benutzt wurden. In den zwei dazwischenliegenden Jahrhunderten scheint der Ort, nach historischen Quellen zu schließen, ebenso verlassen gewesen zu sein wie andere große Bereiche der Stadt.

In den letzten Jahren des 15. Jahrhunderts wurde der inzwischen vollständig eingeebnete Platz besiedelt. Auf dem nördlichen Teil wurden große Häuser errichtet, eine Moschee (Karagöz Camii) wurde auf dem südlichen Teil erbaut. Von den Holzhäusern sind nur die flachen Betonfundamente und in einem Fall die Fundamente eines kleinen Badehauses erhalten, aber der Status der Bewohner und ihre Lebensweise waren an dem reichlichen Inhalt ihrer Abfallgruben deutlich erkennbar. Nicht nur feine Iznik-Keramik, sondern auch importierte italienische Majoliken und chinesische Porzellane wurden gefunden, außerdem gewöhnliches Haushaltsgeschirr und die weggeworfenen Knochen und Schalen von vielen Fleisch- und Muschelmahlzeiten. Die Besiedlung scheint bis in unser Jahrhundert nicht unterbrochen gewesen zu sein, und die Ausgrabungen ergaben eine aufschlußreiche Abfolge von Tonwaren für die gesamte osmanische Zeit. Die Moschee, die ebenfalls dokumentiert ist, war fester gebaut, wie sich aus den Fundamenten, die im westlichen Teil des Mittelschiffs der Polyeuktoskirche gefunden wurden, schließen läßt (Abb. 58). Sie wurde um 1940 abgetragen, als eine neue Hauptstraße in Nord-Süd-Richtung, der Atatürk Bulvari, gebaut wurde. Wahrscheinlich wurde um jene Zeit erstmals ein öffentlicher Park im Gebiet unserer Grabung angelegt; in unseren Aufzeichnungen sind jüngere Pflanzgruben für Bäume unter den Wegen des neuen, 1960 geschaffenen Parks

178. Fragment eines Korbkapitells mit geteilter Palmette im Garten der Hagia Sophia. Wahrscheinlich stammt es ursprünglich aus der Polyeuktoskirche.

enthalten. Dies war das Jahr, in dem die Bulldozer zufällig jene ersten Marmorfragmente aus Anicia Julianas großer Kirche ans Tageslicht brachten. Als danach in sechs Grabungsperioden aufsehenerregende Schmuckskulpturen, Mosaiken und Baureste geborgen werden konnten, wurde die erstaunliche Rekonstruktion einer großen byzantinischen Kirche möglich, die nach Konzeption und Ausführung dem Tempel Salomons nacheiferte. Wie der Tempel in Jerusalem war auch die Polyeuktoskirche in Konstantinopel Teil eines Palastes, und dieser Palast ist noch nicht ausgegraben. Obwohl die Geschichte der Prinzessin Anicia Juliana und ihres ehrgeizigen Unternehmens nunmehr teilweise erhellt ist und in gewisser Beziehung an ihren Ausgangspunkt zurückgefunden hat, bleibt ohne Zweifel noch sehr vieles zu entdecken und zu klären.

Anmerkungen

1. *Notitia Urbis Constantinopolitanae,* in: O. Seeck (Hg.): Notitia Dignitatum, 1876; Reprint Frankfurt am Main 1962.

2. W. Müller-Wiener: *Bildlexikon zur Topographie Istanbuls,* Tübingen 1977.

3. Theophanes: *Chronographia,* A. M. 6051, Hg. de Boor, S. 232–233.

4. Procopius, *De aedificiis* I, IV, 9–24 (Apostelkirche) und V, I, 4–6 (Johanneskirche).

5. J. B. Ward-Perkins: *The Shrine of St. Menas in the Maryût,* in: Papers of the British School at Rome 17 (1949), S. 26–71.

6. C. Mango: *Isaurische Baumeister,* in: P. Wirth (Hg.): Polychronion. Festschrift Franz Dölger, 1966, S. 358–365; vgl. M. Gough: *The Emperor Zeno and some Cilician churches,* in: Anatolian Studies 22 (1972), S. 199–212.

7. R. M. Harrison, *Churches and Chapels of Central Lycia,* in: Anatolian Studies 13 (1963), S. 117–151.

8. J. B. Ward-Perkins: *Building methods of Early Byzantine Architecture,* in: D. Talbot-Rice (Hg.): The Great Palace of the Byzantine Emperors 2 (1958), S. 58–104.

9. Das Gedicht: *Greek Anthology,* I, 10. Die Identifizierung, von der erstmals in Byzantion 29–30 (1959–1960), S. 386 (vgl. S. 358–360) berichtet wurde, wurde ausführlich erörtert in: C. Mango und I. Sevcenko, *Remains of the church of St. Polyeuktos at Constantinople,* in: Dumbarton Oaks Papers 15 (1961), S. 243–247.

10. *Codex Vindobonensis Med. Gr.* 1 der Österreichischen Nationalbibliothek; Faksimile mit Kommentar von H. Gerstinger, Graz 1970.

11. E. Alföldi-Rosenbaum: *Portrait Bust of a Young Lady of the Time of Justinian,* in: Metropolitan Museum Journal 1 (1968), S. 19–40; K. Weitzmann (Hg.): *Age of Spirituality. Late Antique and Early Christian Art, Third to Seventh Century,* New York 1979, S. 292–295 (Nr. 272).

12. Zu Anicia Juliana s. J. R. Martindale: *The Prosopography of the Later Roman Empire,* Bd. 2 (1980), S. 635–636 und 1309; C. Capizzi: *Anicia Giuliana (462 ca – 530 ca): Ricerche sulla sua Famiglia e la sua Vita,* in: Rivista di Studi Bizantini e Neoellenici 5 (15), 1968, S. 191–226.

13. *Patria* III, 57, in: Th. Preger (Hg.): Scriptores Originum Constantinopolitanarum, S. 237.

14. Gregor von Tours: *De gloria martyrum,* in: Patrologia Latina 71, Sp. 793–795.

15. Zu den jährlichen Berichten über die Fortschritte der Ausgrabung vgl. R. M. Harrison und N. Firatli: *Excavations at Saraçhane in Istanbul,* in: Dumbarton Oaks Papers 19 (1965), S. 230–236; 20 (1966), S. 233–238; 21 (1967), S. 273–278; 22 (1968), S. 195–203. Berichte erschienen auch in Türk Arkeoloji Dergisi und Istanbul Arkeoloji Müzeleri Yilligi.

16. *De Caerimoniis,* Hg. A. Vogt, S. 68 und 43–44; Hg. Reiske, S. 75–76 und 50; aus den Angaben für die Prozession des Kaisers an Ostermontagen.

17. Universitätsbibliothek Heidelberg, Cod. Pal. Gr. 23.

18. Zur allgemeinen Beschreibung der Materialien vgl. R. Gnoli: *Marmora Romana,* Rom 1971.

19. J. B. Ward-Perkins: *Quarrying in Antiquity. Technology, tradition, and social change,* in: Proceedings of the British Academy 57 (1971), S. 3–24; ders: *Nicomedia and the Marble Trade,* in: Papers of the British School at Rome 48 (1980), S. 23–69; N. Asgari: *Roman and Early Byzantine marble quarries of Proconnesus,* in: Proceedings of the Xth International Congress of Classical Archaeology, Ankara Izmir 1973, Ankara 1978, S. 467–480.

20. F. W. Deichmann: *Ravenna,* II, 2 (1976), S. 106–112 mit den vierzehn Motiven dieser Art in San Vitale und umfassender Liste der von anderen Orten bekannten Beispiele.

21. R. M. Harrison: *A Constantinopolitan capital in Barcelona,* in: Dumbarton Oaks Papers 27 (1973), S. 297–300.

22. R. M. Harrison und N. Firatli: *Excavations at Saraçhane in Istanbul: First Preliminary Report,* in: Dumbarton Oaks Papers 19 (1965), S. 234; R. M. Harrison: *The Church of St. Polyeuktos in Constantinople,* in: Akten des VII. Internationalen Kongresses für Christliche Archäolo-

gie, Trier 1965, Vatikan und Berlin 1969, S. 543–549; F. Deichmann: *I Pilastri Acritani,* in: Rendiconti Atti della Pontificia Accademia Romana di Archeologia, L (1980), S. 75–89.

23. N. Asgari: *Edirnekapi Basligi,* in: Arkeoloji ve Sanat I, 2 (1978), S. 14–17.

24. Die Stücke wurden von Dr. Firatli identifiziert.

25. R. M. Harrison: *Anicia Juliana's churchof St. Polyeuktos,* in: Jahrbuch der Österreichischen Byzantinistik 32/4 (1982), S. 436–437.

26. A. H. S. Megaw: *Notes on Recent Work of the Byzantine Institute in Istanbul,* in: Dumbarton Oaks Papers 17 (1963), S. 346 und Abb. 9.

27. R. M. Harrison und N. Firatli: *Excavations at Saraçhane in Istanbul: Fourth Preliminary Report,* in: Dumbarton Oaks Papers 21 (1967), S. 276 und Abb. 12.

28. R. M. Harrison: *Anicia Julianas Polyeuktoskirche,* in: Jahrbuch der Österreichischen Byzantinistik 32/4 (1982), S. 437–438.

29. Zu Persepolis vgl. E. v. Mercklin: *Antike Figuralkapitelle,* Berlin 1962, Nr. 83; zu Hatra vgl. J. B. Ward-Perkins: *The Roman West and the Parthian East,* in: Proceedings of the British Academy 51 (1965), S. 192 und Tafel LVb; zu Baalbek vgl. ebda., S. 191, Tafel LVIIIa.

30. J.-P. Lauer und C. Picard: *Les statues ptolemaïques du Serapeion de Memphis,* Paris 1955, S. 194–209, Abb. 98, 100–103, Tafeln 19, 20.

31. A. Grabar: *Le rayonnement de l'art sassanide dans le monde chrétien,* in: Accademia Nazionale dei Lincei, Quaderno 160 (1971), S. 679–707 (bes. S. 686–688); ders: *Sculptures byzantines de Constantinople,* Paris 1963, S. 64–65; R. M. Harrison: *The sculptural decoration of the church of St. Polyeuktos,* in: Actas del VIII Congreso Internacional de Arqueologia Cristiana, Barcelona 1969, Vatikan und Barcelona 1972, S. 325–326.

32. C. Mango: *Storia dell'Arte,* in: La civiltà bizantina dal IV al IX secolo, Bari 1977, S. 285–350.

33. K. A. C. Creswell: *Early Muslim Architecture,* I, 1, 2. Aufl. Oxford 1969, Tafeln 21c, 26c, f; eine umfassende Erörterung des Gesamtthemas auch bei M. S. Dimand: *Studies in Islamic Ornament. I. Some Aspects of Omaiyad and early Abbasid Ornament,* in: Ars Islamica 4 (1937), S. 293–337.

34. H. Luschey: *Zur Datierung der sassanidischen Kapitelle aus Bisutun und des Monuments von Taq-i-Bostan,* in: Teheraner Mitteilungen 1 (1968), S. 129–142, bes. Tafel 52,6.

35. Zu Kisch vgl. A. U. Pope: *A Survey of Persian Art* 1, London und New York 1938, Abb. 168b; zu einem assyrischen Beispiel des Baums mit Wasserströmen vgl. H. Frankfurt: *The Art and Architecture of the Ancient Orient,* 2. rev. Druck, Harmondsworth 1958, Tafel 90.

36. Hier tritt das Korbkapitell wahrscheinlich erstmals auf.

37. R. M. Harrison: *The church of St. Polyeuktos in Istanbul and the Temple of Solomon,* in: Okeanos. Studies presented to Ihor Sevcenko, Harvard Ukrainian Studies 7 (1983), S. 276–279. Den Hinweis auf die königliche Elle und ihren Zusammenhang mit der Bibel verdanke ich Michael Vickers.

38. R. B. Y. Scott: *Weights and Measures of the Bible,* in: Biblical Archaeologist 22, Nr. 2 (1959), S. 22–41; ders.: *The Hebrew Cubit,* in: Journal of Biblical Literature 77, Nr. 3 (1958), S. 205–214, und *Postscript on the Cubit,* in: Journal of Biblical Literature 79, Nr. 4 (1960), S. 368. Mein Dank gebührt Professor John Sawyer für seine Hilfe in dieser und weiteren biblischen Fragen.

39. Anonymus Byzantinus in H. Kochly und W. Rustow (Hg.): *Griechische Kriegsschriftsteller* II, II (1853–1855), XII 1; außerdem *Narratio de S. Sophiae,* 8–9, Übers. C. Mango: The Art of the Byzantine Empire 312–1453, Englewood Cliffs, N. J., 1972, S. 97.

40. H. Danby: *The Mishnah,* Oxford 1933, Neuaufl. 1954, S. 589–598. Hier wird der Tempel des Herodes beschrieben, dessen Gesamtlänge ebenfalls 100 Ellen betrug.

41. *Antiquitates Iudiacae* VIII, III, 3.

42. A. A. Vasiliev: *Justin the First,* Cambridge, Mass., 1950, S. 214.

43. Zum Erzbischöflichen Museum in Ravenna vgl. R. O. Farioli: *La scultura architettonica,* Rom 1969, Nr. 50, 51; zu Poreč vgl. C. Mango: *Byzantine Architecture,* New York 1976, Tafel 70; zum Archäologischen Museum in Split vgl. J. J. Wilkes: *Dalmatia,* London 1969, Tafel 56.

44. Malalas: *Chronographia* XVIII, Hg. Bonn, in: Patrologia Graeca 97, S. 478, 11, 18–21.

45. K. N. Ciggaar: *Une description de Constantinople traduite par un pèlerin anglais,* in: Revue des Études Byzantines 34 (1976), S. 211–267.

46. B. de Khitrowo: *Itinéraires russes en Orient,* Genf 1889, S. 104, 137, 162, 203; vgl. R. Janin: *Les églises et les monastères,* Paris 1953, S. 419–420.

47. C. Mango, E. J. W. Hawkins: *Additional finds at Fenari Isa Camii,* in: Dumbarton Oaks Papers 22 (1968), S. 178, Abb. 9.

48. J. Ebersolt: *Mission archéologique de Constantinople,* Paris 1921, 4 und Tafel XXIV, 3.

49. U. Peschlow: *Dekorative Plastik aus Konstantinopel an San Marco in Venedig,* in: Apherioma stê mnêmê Stylianou Pelekanidê, Thessaloniki 1983, S. 406–417 und Tafel 2c, d.

50. D. Rosand: *Painting in Cinquecento Venice,* Yale University Press 1983, S. 127: „Der Dogenpalast . . . wurde mit Salomons Palast bewußt in Verbindung gesetzt." Mein Dank für diese Information gebührt Michael Vickers.

51. In Venedig wurde ein Anfang gemacht; vgl. U. Peschlow: *Dekorative Plastik aus Konstantinopel an San Marco in Venedig,* a.a.O. (Anm. 49).

Weiterführende Literatur

A. Grabar: *Sculptures Byzantines de Constantinople (IVe–Xe siècle),* Paris 1963.

R. M. Harrison: *Excavations at Saraçhane in Istanbul,* Bd. I, Princeton University Press und Dumbarton Oaks 1986.

R. Krautheimer: *Early Christian and Byzantine Architecture,* 4. Aufl. mit S. Curcic, Nachdruck Harmondsworth 1988.

C. Mango: *Byzantine Architecture,* New York 1975.

C. Mango: *Storia dell'Arte,* in: La civiltà bizantina dal IV al IX secolo, Bari 1977, S. 285–350.

T. F. Mathews: *The Early Churches of Constantinople. Architecture and Liturgy,* University Park, Pa., London 1971.

T. F. Mathews: *The Byzantine Churches of Istanbul. A Photographic Survey,* University Park, Pa., London 1976.

W. Müller-Wiener: *Bildlexikon zur Topographie Istanbuls,* Tübingen 1977.

C. Strube: *Polyeuktoskirche und Hagia Sophia: Umbildung und Auflösung antiker Formen, Entstehen des Kämpferkapitells,* München 1984.

J. B. Ward-Perkins: *Notes on the Structure and Building Methods of Early Byzantine Architecture,* in: The Great Palace of the Byzantine Emperors. Second Report, Hg. D. Talbot, Edinburgh University Press 1958.

Zeittafel

Jahrhundert	Kaiser	Ereignisse	Bauwerke in Konstantinopel
300	Diokletian (284–305)		
	Konstantin (306–337)	Einnahme Roms durch Konstantin (312) und Einführung des Christentums	
		Gründung von Konstantinopel (324–330)	Porphyrsäule (325/330)
			Erste Hagia Sophia (eingeweiht 360)
			Valensaquädukt (Baubeginn 368)
	Theodosius I. (379–395)		
		Schließung der heidnischen Tempel (390)	Goldenes Tor (?), Obelisk, Forum, Bogen (um 390)
400			
		Einnahme Roms durch die Goten (410)	Stadtmauer landeinwärts (413)
			Zweite Hagia Sophia (eingeweiht 415)
	Theodosius II. (408–450)		
			Johanneskirche des Studiosklosters (um 450)
		Absetzung des letzten weströmischen Kaisers (476)	
	Zeno (474–491)		
		Einnahme Italiens und Ravennas durch die Ostgoten (493)	
500			
	Anastasius (491–518)		
	Justin I. (518–527)	San Vitale in Ravenna, Baubeginn 526 (?)	Polyeuktoskirche (524–527), Kirche der Heiligen Sergius und Bacchus (nach 527)
	Justinian (527–565)	Byzantinische Heere auf Eroberungszügen in Afrika, Italien und Spanien (533–555)	Dritte Hagia Sophia (532–537)
		Wiedereroberung Ravennas durch byzantinische Truppen (540)	
		Einweihung von San Vitale in Ravenna (546/547)	
			Wiederaufbau der Kuppel der Hagia Sophia (558–562)

Genealogie

Vereinfachter Stammbaum der kaiserlichen Vorfahren von Anicia Juliana

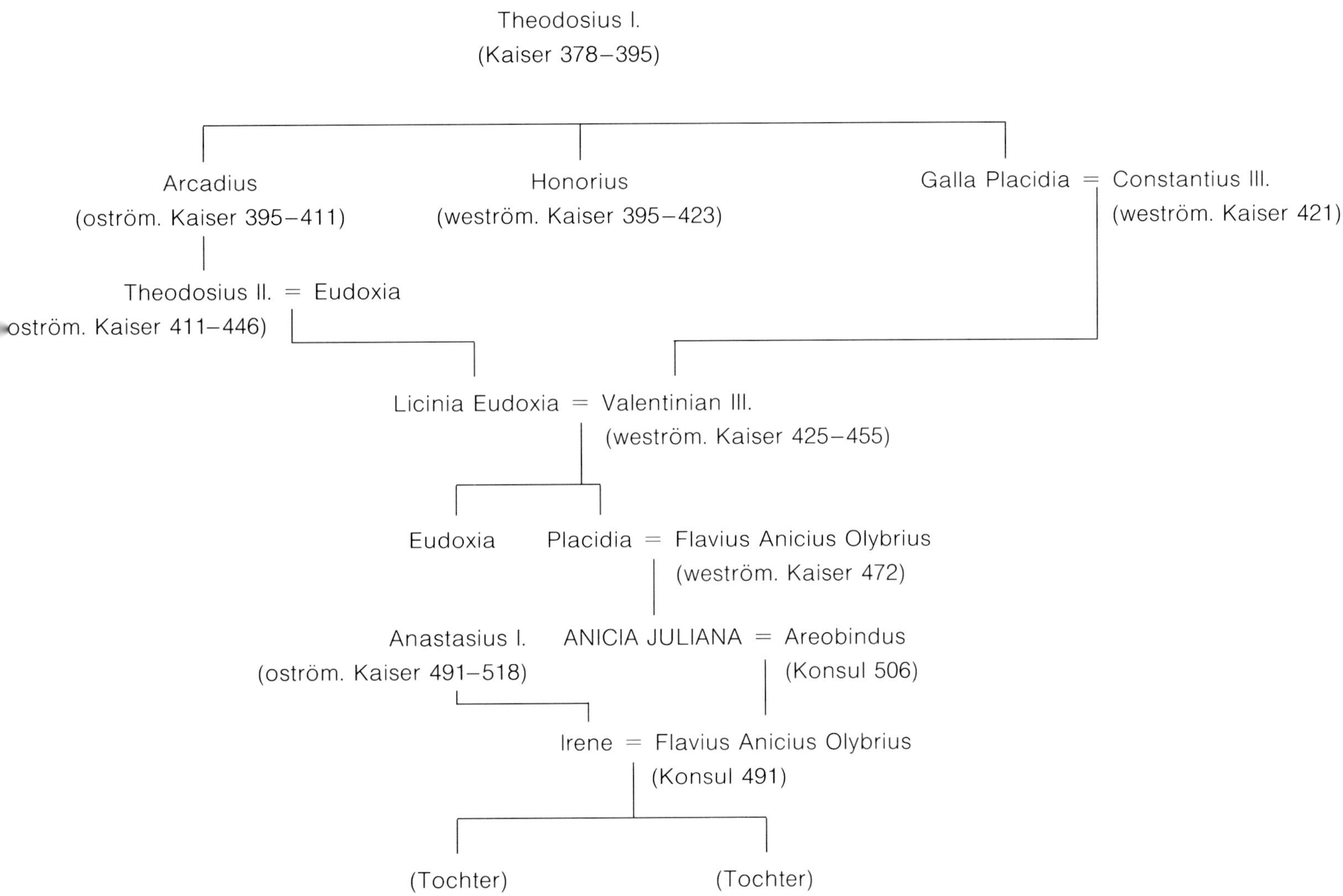

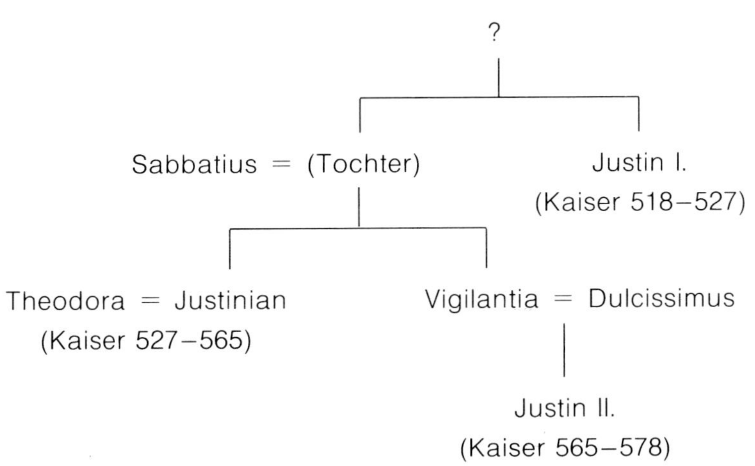

Worterklärungen

Abakus
Deckplatte eines Säulenkapitells

Akanthus
Distelartige Pflanze, deren gezahnte Blätter als Vorbild für ein häufiges Ornament an Kapitellen und Flächen dienten

Ambo
Eine Lese- oder Predigtbühne, häufig elliptisch, Vorläufer der Kanzel

Astragalus
vgl. Perlstab

Atrium
Vorhalle, Vorhof, Hauptzugang zu einer Kirche

Bossen
Vorspringende obere Ecken der Kranzleiste eines Kapitells

Eierstab
Architektonisches Zierprofil mit einem Ornament von ovalen und schmalen Motiven im Wechsel

Exedra
Nischenartiger, halbrunder oder rechteckiger Raum als geschlossene oder offene Erweiterung eines größeren Raums

Gewölbezwickel
vgl. Pendentif

Hauptgesims
Waagrechter Gebäudeteil über Stützpfeilern oder Säulen, bestehend aus Architrav, Fries und (meist) Karnies

Kantharus
Vase mit abgesetztem Fuß, Hals und zwei Henkeln, als Schmuckmotiv mit herauswachsenden Pflanzen häufig verwendet

Karnies
Bauglied mit S-förmig geschwungenem Profil, oft Teil des Hauptgesimses mit tragender Funktion

Kompositkapitell
Verbindung von ionischem und korinthischem Kapitell

Konche
Muschelform; Hauptkuppel über der Apsis und die Apsis selbst; die Dreikonchenanlage umfaßt drei Apsiden, je eine nach Norden, Osten und Süden

Korbkapitell
Fast halbkugelförmiges Säulenkapitell in Gestalt eines Korbes mit gemeißeltem Flechtwerk, typisch für die byzantinische Kunst

Korinthisches Kapitell
Kapitell in Form einer aufrechten Glocke mit Abakus, verziert mit Akanthusblättern und vier Voluten als Stützen der vier Ecken des Abakus

Kyma
Wellenartige Zierleiste mit Blattmotiven, oft Akanthusblättern, am Hauptgesims; ionisches Kyma = Eierstab

Medaillon
Hier: annähernd quadratisches Schmuckmotiv waagrecht an der Unterseite des Karniesvorsprungs

Narthex
Vorhalle vor dem Portal einer Kirche

Pendentif
Gewölbezwickel in Form eines sphärischen Dreiecks zwischen den tragenden Bogen einer Kuppel oder den Rippen eines Gewölbes

Perlstab
Architektonisches Zierprofil von rundem Querschnitt, gegliedert in Perlen und Scheibchen im Wechsel

Protomen
Der rundplastisch gestaltete vordere Teil eines Tier- oder Vogelkörpers

Rundstab
Architektonisches Zierprofil von halbrundem Querschnitt, oft mit Perlstabornamenten (Astragalus)

Sanktuarium
Raum um den Hauptaltar einer Kirche

Schildbogen
Kleiner Bogen über den Ecken eines quadratischen Unterbaus zur Bildung eines Achtecks für ein achteckiges oder gekuppeltes Dach

Voluten
Spiralförmig eingerollte Ornamente oder Bauglieder

Ziborium
Altarbaldachin

Symbolik

Der Adler
Der Adler symbolisierte Zeus in der griechischen und Jupiter in der römischen Welt, ebenso den römischen Kaiser, seine Apotheose und Unsterblichkeit. Im Judentum und Christentum steht der Adler für geistige Erneuerung.

Der Pfau
Der Pfau symbolisierte Hera in der griechischen und Juno in der römischen Welt, ebenso die Gattin des römischen Kaisers, ihre Apotheose und Unsterblichkeit. In der jüdischen und christlichen Kunst bedeutet der Pfau Unsterblichkeit, Unverweslichkeit und ewiges Leben.

Die Palme
Die immergrüne Palme mit ihrer anmutigen Gestalt und ihren köstlichen Früchten verkörperte in griechischer und römischer Zeit wie auch im Judentum und Christentum die Fruchtbarkeit und den Sieg.

Der Granatapfel
Wie die Palme symbolisierte auch der Granatapfel Fruchtbarkeit und Sieg und deutete mit seinen vielen Samen auf den Übergang vom Tod zum Leben hin.

Der Weinstock
Der Weinstock mit seiner Fruchtbarkeit und lebenspendenden Kraft stellte in griechischer und römischer Zeit Dionysos (Bacchus) dar. In jüdischer und christlicher Zeit bedeutete er üppiges Wachstum und Unsterblichkeit. Christus nannte sich den Weinstock.

Abbildungsverzeichnis

36. Blick im August 1964 von Südosten über den Unterführungseinschnitt, unsere ersten Gräben und die Behelfsstraße

37. Ein intaktes Kreuzgewölbe in den Unterbauten der nordöstlichen Ecke der Kirche

38. Das Tonsiegel in Kreuzform gibt das dritte Jahr eines Indiktionszyklus an

39. Vereinfachter Plan der ausgegrabenen Reste der Kirche

40. Die Parkanlage 1964 mit der diagonal verlaufenden Behelfsstraße und den ersten Gräben. Blick nach Nordwesten zur Fatih-Moschee (Apostelkirche)

41. Blick auf die Ausgrabung während der zweiten Grabungsperiode 1965

42. Blick nach Westen während der sechsten und letzten Grabungsperiode 1969

43. Blick von Südosten auf die Ausgrabung kurz nach Beginn der zweiten Grabungsperiode 1965

44. Blick von Südosten auf die Ausgrabung am Ende der zweiten Grabungsperiode 1965

45. Blick von Südwesten auf die Ausgrabung am Ende der dritten Grabungsperiode 1966. Im Hintergrund der Valensaquädukt (368), die Sulaiman-Moschee (1550–1557) und die Burmali-Medrese (1550)

46. Blick auf die Ausgrabung am Ende der vierten Grabungsperiode 1967. Besonders deutlich zu erkennen sind das mächtige Mittelschiffundament, die zwei tonnengewölbten Gänge unter dem nördlichen Seitenschiff und das nördliche Ende des Narthex

47. Stratigraphischer Schnitt durch das nördliche Seitenschiff nach Osten

48. Rekonstruierter Grundriß der Kirche

49. Die Innenseite der Außenmauer des Narthexunterbaus während der Ausgrabung des nördlichen Abschnitts von Südosten

50. Teil eines in das Atrium gestürzten Obergeschoßpfeilers

51. Der südliche der beiden parallelen tonnengewölbten Gänge unter dem nördlichen Seitenschiff bei der Ausgrabung von Osten

52. Der nördliche Gang unter dem nördlichen Seitenschiff nach Westen

53. Die Krypta von Südosten

54. Das Ambofundament und die Mauer des Gangs unter dem Mittelschiff von Süden

55. Der Gang unter dem Mittelschiff während der Ausgrabung nach Westen. Dort fand man den Block mit einem Teil von Zeile 9 des Inschriftgedichts, den Palmenpfeiler und heruntergefallene Bruchstücke der Inschrift Zeile 16

56. Der Gang unter dem Mittelschiff nach Osten mit dem Palmenpfeiler, dem Block mit einem Teil von Zeile 9 und dem Ambofundament

57. Der Unterbau des nördlichen Seitenschiffs nach Westen mit einem originalen Abzugskanal

58. Die Westmauer der Kirche während der Ausgrabung und das westliche Ende des axialen Gangs, der unter dem Mittelschiff verlief

59. Detail der inneren Ostmauer des Narthexunterbaus mit massiver Fundamentlage und Schlitz für ein Abflußrohr

60. Der Narthexunterbau während der Ausgrabung von Süden

61. Blick von Norden in den größeren (westlichen) der zwei gewölbten Kanäle, die unter dem Narthexfußboden südlich verlaufen

62. Aufrißzeichnung der Innenmauern des Narthexunterbaus

63. Innenmauer des Narthex von Westen mit dem sorgfältig zugemauerten Untergeschoßgang

64. Der nördliche Gang unter dem nördlichen Seitenschiff nach Westen, ausgegraben bis auf das Bodenniveau des 6. Jahrhunderts

65. Die Innenseite der Westmauer des Narthex von Nordosten

66. Ansicht der Krypta nach Nordwesten

67. Nördliche Treppe vom Atrium in den Narthexunterbau

68. Unterbau der Treppe vom Atrium zum Hauptportal der Kirche von Norden

69. Blick auf die Unterbauten nördlich des Atriums von Süden

70. Unterbauten des quadratischen, apsisähnlichen Bauwerks (Baptisterium?) nördlich des Atriums

71. Das westliche Ende der Unterbauten nördlich des Atriums. Der spitze Winkel deutet auf eine frühere Baulinie oder Straße hin

72. Grabstein eines Gladiators, 3. Jahrhundert n. Chr.

73. Bronzemünze von Justin I.

74. Zwei runde Monogrammsiegel und ein kreuzförmiges Tonsiegel verweisen auf ein drittes Jahr (wahrscheinlich 524–525)

75. Die in die Unterbauten nördlich des Atriums eingebaute Zisterne von Südwesten

76. Der nördliche Teil des Atriums während der Ausgrabung von Nordwesten

77. Nahaufnahme der Gräber von Abb. 76 nach Osten

78. Ein Graben an der Außenseite der Nordmauer der Kirche von Norden. Im Vordergrund eine große, aus Stein gemauerte Grube türkischer Herkunft

79. Die Reste eines Unterbaus für eine Treppe im Atrium

80., 81. Bruchstücke von Marmorverkleidungen

82. Der obere Teil einer Intarsiensäule am Fundort im Bereich des Sanktuariums

83. Teil einer Intarsiensäule; die Glasintarsien sind verloren

84. Daß Marmorabfälle zur Unterfütterung des Mittelschiffußbodens mitverwendet wurden, ist ein Beweis dafür, daß die Marmorverzierungen an Ort und Stelle geschaffen wurden

85. Detail eines eingelassenen Pilasterkapitells mit Mauerfuge

86. Eine Pfauennische vom Hauptgesims mit einem Teil der Zeile 31 des Gedichts

87. Eine Pfauennische vom Hauptgesims mit einem Teil der Zeile 32 des Gedichts

88. Eine Pfauennische vom Hauptgesims mit einem Teil der Zeile 30 des Gedichts

89. Ein Pfauenbogen vom Hauptgesims mit einem Teil der Zeile 25 des Gedichts

90. Das rechte Auge eines Pfaus

91. Der Körper eines Pfaus

92. Fünf Fragmente des Gewölbemosaiks

93. Figurenmosaik aus dem Bereich der Apsis. Drei zusammenpassende Fragmente ergeben den unteren Teil eines Gesichts mit Halslinie, bärtiger Wange, Kinn, Mund und einem Teil des linken Nasenflügels. Der Mund ist teilweise durch Bemalung angedeutet

94. Teil einer Intarsiensäule, die soeben gehoben wird. Viele Intarsien haften noch

95. Detail des Nischenbogens von Abb. 88 mit gewundenen Reben

96. Eine Pfauennische vom Hauptgesims mit einem Teil der Zeile 16 des Gedichts

97. Teil einer Pfauennische, anschließend an das Fragment Abb. 96 mit Zeile 16 des Gedichts

98. Eckstein vom Hauptgesims mit einem Teil der Zeile 27 des Gedichts

99. Eckstein vom Hauptgesims mit einem Teil der Zeile 9 des Gedichts

100. Das rechte Ende eines Karnieses oder einer Überdachung, geschmückt mit runden Monogrammen zwischen den Medaillons und zwei Arten von Palmetten

101. Detail des Karnieses mit Blatt- und Zweigdekor (Abb. 107)

102. Kanneliertes Karnies mit einem einfachen wiederkehrenden Motiv, das einem stilisierten Eierstab gleicht

103. Detail des Karnieses Abb. 100

104. Teil eines Karnieses oder einer Überdachung mit Monogrammen

105. Rechtes Ende des Karnieses oder der Überdachung mit Monogrammen Abb. 104

106. Viertelstabkarnies von einem Obergeschoß, verziert mit einem Motiv von Muschel und Kreuz im Wechsel

107. Karnies mit Blatt- und Zweigdekor. Die siebenblättrigen Zweige wechseln mit neunfingrigen Blättern ab, die jeweils einen neunblättrigen Zweig umschließen

108. Korbkapitell mit dem charakteristischen Motiv der geteilten Palmette, eingerahmt von unterschnittenem Flechtwerk

109. Fragment eines Korbkapitells

110. Korbkapitell mit unterschnittenem Gitterwerk

111. Korbkapitell im Archäologischen Museum in Barcelona, das erwiesenermaßen aus der Polyeuktoskirche stammt

112. Zwei ausgegrabene, zusammenpassende Fragmente eines unvollendeten Kapitells, das dem in Barcelona ähnlich ist

113. Ein ausgegrabenes Fragment eines Kapitells, das dem in Barcelona ähnlich ist (Abb. 111)

114. Pfeilerkapitell, identisch mit den Kapitellen der sogenannten *pilastri acritani* in Venedig, die erwiesenermaßen aus der Polyeuktoskirche stammen

115. Detail des Pfeilerkapitells Abb. 114 mit der abgestuften Kehlung an einer Kante

116. Pfeilerkapitell, in eine Mauer eingelassen

117. Pfeilerkapitell im Stil der Polyeuktoskirche, wiederverwendet in einem türkischen Bauwerk in Edirnekapi bei der landeinwärts gelegenen Stadtmauer von Theodosius

118. Der westliche Pfeiler der *pilastri acritani* auf der Piazzetta in Venedig

119. Oberer Teil eines Pfeilers oder Pilasters, aufgefunden im Koca Mustafa Pasa Camii (früher Andreaskirche in Krisei), heute im Archäologischen Museum in Istanbul

120. Oberer Teil eines Pfeilers mit diagonalen Mäandern in der oberen Zierleiste und einem zentralen Granatapfel, flankiert von Traube und Weinblatt

121. Oberer Teil eines Pfeilers mit diagonalen Mäandern in der oberen Zierleiste und gebogenem Rebstock im Hauptpaneel

122. Zwei Pfeiler mit Kapitellen auf der Piazzetta in Venedig, von denen jetzt erwiesen ist, daß sie aus der Polyeuktoskirche stammen

123. Detail des westlichen Pfeilers der *pilastri acritani* in Venedig

124. Korbkapitell mit geteilter Palmette, bei der Ausgrabung aufgefunden

125. Kapitelle mit geteilter Palmette in der Südwestecke des Markusdoms in Venedig, die vermutlich aus der Polyeuktoskirche stammen

126. Fragment einer Brüstungsplatte aus Docimium-Marmor, wiederverwendet in der Pantokratorkirche (Zeyrek Camii)

127. Einige ausgegrabene Fragmente von Brüstungsplatten in der Art des Stücks in der Pantokratorkirche (Abb. 126)

128. Fragment in Aquileia von einem Pilaster oder Pfeiler in der Art der Pfeiler mit den Palmenkapitellen in der Polyeuktoskirche

129. Eine Brüstung aus Docimium-Marmor im Kunsthistorischen Museum in Wien

130. Fragment einer Brüstungsplatte

131. Fragment einer Brüstungsplatte, Bordüre mit Rauten- und Schlüsselmuster

132. Teil eines Frieses mit Hakenmotiv zwischen Perlstabbordüren, möglicherweise aus dem Sanktuarium

133. Teil eines Frieses mit dem Motiv eines Kreuzes in einer Arkade zwischen Perlstabbordüren aus dem Sanktuarium

134. Wandplatte aus dem Bereich der Apsis

135. Fragment einer Apostelbüste

136. Marmorikone mit Christusbüste

137. Marmorikone mit Büste der Gottesmutter mit Kind

138.–142. Marmorikonen mehrerer Apostel

143. Kapitell eines eingelassenen Säulchens

144. Fragment eines kleinen Vogels in Hochrelief, wahrscheinlich aus einem von Tieren „bewohnten“ Blattwerk

145. Ausgegrabene Fragmente von Brüstungsplatten in der Art des Stücks in der Pantokratorkirche (Zeyrek Camii)

146. Oberer Teil eines Pfeilers, bei der Ausgrabung aufgefunden. Das Motiv gleicht dem Seitendekor der *pilastri acritani* in Venedig

147. Pfeilerkapitell, bei der Ausgrabung aufgefunden

148. Kapitell des westlichen Pfeilers auf der Piazzetta in Venedig

149. Korbkapitell mit unterschnittenem Gitterwerk, bei der Ausgrabung aufgefunden

150. Pfeilerkapitell mit zentraler Dattelpalme, bei der Ausgrabung aufgefunden

151. Blick auf die zerbrochenen Überreste zweier Fensterrahmen und weitere Marmorstücke

152., 153. Ein rekonstruierter Fensterrahmen aus 70 zusammenpassenden Bruchstücken

154. Fragment eines Palmenkapitells in der Art des Kapitells auf Abb. 150

155. Rekonstruktionzeichnung eines Bogendrillbohrers. (Nach D. Strong und D. Brown.)

156. Wasserspeier in Form eines Eberkopfes

157. Die wichtigsten Werkzeuge des Steinmetzen (Flachmeißel, Schlegel, Spitzmeißel), abgebildet auf der Seite eines römischen Sarkophags

158. Der Schnabel eines Adlers und ein Fragment mit Federn

159. Weinblatt. Detail der Verzierung eines Ecksteins, der bei der Ausgrabung aufgefunden wurde

160. Gewundene Reben von einem Pfauenbogen des Hauptgesimses, Detail

161. Pfauenfedern vom Hauptgesims mit Inschrift

162. Sassanidische Stuckzier aus der Villa in Ktesiphon. Staatliche Museen Berlin

163. Blattornament vom Karnies. Detail von Abb. 107

164. Stilisierter Kantharos. Detail von Abb. 126

165. Geteilte Palmette von dem Korbkapitell auf Abb. 124

166. Stück eines persischen Seidenstoffs im Kirchenschatz des Aachener Doms

167. Rekonstruktionszeichnung vom Innenraum der Polyeuktoskirche

168. Die erhaltenen Inschriften ergeben Teile des Gedichts in der *Palatinischen Anthologie*

169. Diagramm der mutmaßlichen Anlage der Kirche mit Zeilenfolge und Verlaufsrichtung der Inschrift des Gedichts aus der *Palatinischen Anthologie* und Angabe des Standorts der sieben erhaltenen Gedichtzeilen

170. Pfeilerkapitell mit zentraler Dattelpalme

171. Rekonstruktion der Polyeuktoskirche, Aufriß im Schnitt

172. Blick auf den nordwestlichen Komplex der Polyeuktoskirche nach der Ausgrabung mit möglichem Standort eines Baptisteriums

173. Anicia Juliana, zwischen Personifizierungen der Großmut und Klugheit thronend. Widmungsminiatur aus dem medizinischen Werk des Dioskorides. Nationalbibliothek Wien, Cod. Vind. Med. gr. 1, Folio 6 verso

174. Korbkapitell von der Hauptsäulenordnung in der Kirche San Vitale in Ravenna (zwischen 526 und 546, wahrscheinlich im ersten Teil dieser Zeitspanne)

175. Kapitell vom Ayvan-Serail in Istanbul, heute im Archäologischen Museum in Istanbul

176. Kapitell in der Euphrasiusbasilika in Poreč (Parenzo) in Jugoslawien

177. Pfauenkörper, aufgefunden 1916 bei den Ausgrabungen im Topkapi-Serail in Istanbul, heute im Archäologischen Museum in Istanbul

178. Fragment eines Korbkapitells mit geteilter Palmette im Garten der Hagia Sophia. Wahrscheinlich stammt es ursprünglich aus der Polyeuktoskirche

Seite 6: Gedicht aus der im 10. Jahrhundert in Konstantinopel (?) entstandenen Handschrift der *Anthologia Palatina*. Universitätsbibliothek Heidelberg, Cod. Pal. Gr. Heid. 23, S. 50

Seite 160: Liturgischer Silberlöffel, in der Polyeuktoskirche aufgefunden. 6. oder frühes 7. Jahrhundert

Register

Kursive Zahlen verweisen auf Abbildungsnummern

Liturgischer Silberlöffel, in der Polyeuktoskirche aufgefunden.
6. oder frühes 7. Jahrhundert.

Karte der wichtigsten im Text genannten Orte